推薦序

加拿大英屬哥倫比亞大學心理教授，被西雅圖時報喻爲「最擅長寫作的狗朋友」的史丹利・科倫（Stanldy Coren），與二百多位馴狗的專家，六十多名獸醫師，十四名研究警犬的專家合作，針對名犬進行深入的觀察與研究，做出狗狗的智商排行榜，其中前十名分別是：一、邊境牧羊犬。二、貴賓犬。三、德國牧羊犬（俗稱的狼犬）。四、黃金獵犬。五、杜賓犬。六、喜樂蒂牧羊犬。七、拉布拉多。八、蝴蝶犬。九、洛威拿犬。十、澳洲牧牛犬。

史丹利・科倫教授表示，排名一～十的狗，學習力強，對於主人下達的命令，遵守機率高達九五％，排名十一～二十六的狗，大概要經過五～十五次的反覆練習，才能學會簡單的指令。排名二十七～三十九的狗，表現的優劣取決於練習時間的長短，不過反應會慢半拍。排名四十～五十四的狗，是智商與服從方面中等的狗。排[illegible]九的狗，大部分的時候容易分心，只有在牠們高興的時候，才會去聽從主人的命令，常被認爲[illegible]的壞狗狗，必須主人肯花時間與狗兒相處，培養出默契，才可使狗對指令產生立即反應。排名[illegible]通常得經過上百次的練習，才能勉強讓牠們記住指令，即使養成了習慣，也不一定每次都能回[illegible]還會故意挑戰主人的權威。

[illegible]的一些犬種；如一〇一忠狗的大麥町犬，排名第三十九；凶猛的西藏獒犬，排名第四十六；可[illegible]名第四十九；日本秋田犬，排名第五十四；貴婦最愛的瑪爾濟斯，排名第五十九；眼睛大大的[illegible]第六十七；慈禧太后喜愛的西施犬，排名第七十；最後一名（第七十九名），則是阿富汗獵犬[illegible]

養狗是一種功德、一種興趣、一種選擇、一種消遣、一種寄託、一種緣分；養在屋裡、養在懷裡、養在心裡；影響生活，更是一件「終生大事」。

「一見鍾情」是第一步，更多的付出，背後是「我願意」的熱情，是日復一日的「承諾」。承諾的背後是默默的付出，點點滴滴的負擔，花了時間與代價而擁有牠；養狗、育狗的觀念、知識與方法，永遠都要學習，力行實踐。

狗狗雖然不會說話，但心情的起伏高低，藉由豐富的肢體語言，向您透露著重要的訊息，同樣地，我們的語言眼神、擁抱、撫摸，讓狗狗也明白我們的心情及喜好，包括您喜歡的人、事、物，深刻地影響狗狗看待世界的態度。

台語云：「狗來富，年年蓋大厝。」四百餘種被人類馴化的犬種，依體型大小可分小型犬、中型犬、大型犬；依皮毛性質，可分短毛犬、長毛犬、剛毛犬；依頭型可分圓頭型、長頭型、方頭型；依耳朵形狀，可分長耳、短耳、豎耳；依飼養目的，可分玩賞犬、工作犬、牧羊犬、單獵犬、群獵犬等，你適合養那一種狗？十二生肖誰適合養狗開運招財？十二星座如何依個性爲自己找一隻速配的狗狗，絕不是隨便養一隻狗就行得通！命理配對，內容精彩，一本在手，養狗的必備百科。

想要好狗運，生肖星座大解碼，幫助您養一隻好運連連的狗。本書保證是您必看、必讀、必修的最佳好書，有幸者研讀之餘，必有一番成就；特爲之序。

林洋豪
中國風水命理星相協會執行長
創業搶鮮誌創業開運廣場主筆
高雄東森電台命理主講人
台南古都電台命理主講人

小編的話

養狗，人人會養。

可是

有人養了膩了就丟，於是流浪狗狗口又增添一名。

有人養了餵了就置之不理，於是不良狗狗口又增添一名。

有人養了教了卻入不敷出，於是散財狗狗口又增添一名。

既然要養，何不好好地對待牠。

既然要養，何不好好地教育牠。

既然要養，何不養一隻招財狗！

本書第一部旨在爲您挑出與您個人最合得來、不致扯您後腿的狗；我們稱牠作招財狗。第二部、第三部則畫龍點睛地闡述如何教養招財狗，使之狗格健康發展，以及如何救助遇到突發狀況的招財狗，使之安然壽終正寢。最後一部則提出招財狗既不是工具，只供利用，更不是玩具，只供玩弄，牠是我們的家人，我們要善待牠，就如同牠爲我們帶來豐足的日子一樣。

如果您想養狗，而且想養隻招財狗，那麼本書就是您唯一的選擇！

由衷希望翻閱本書的您可以找到您個人專屬的招財狗，同時與牠有個令人稱羨的幸福生活！

目錄

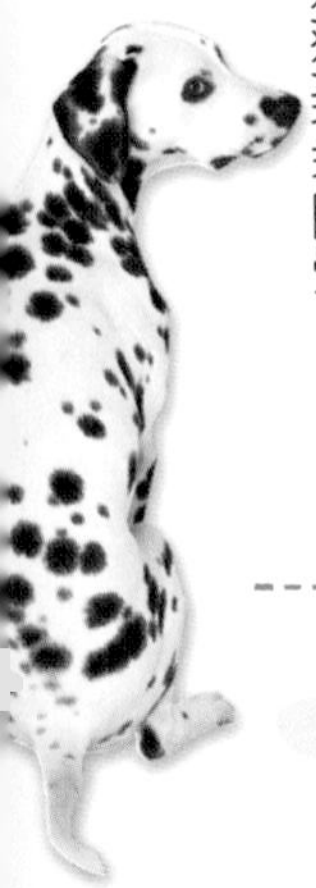

Contents

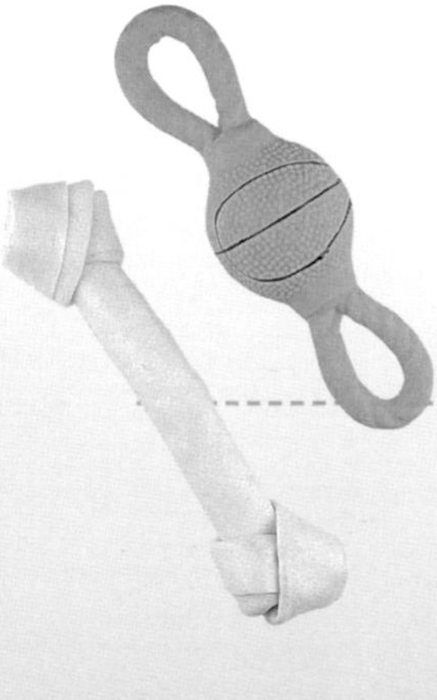

Contents

第一部　這就是我專屬的招財狗

我想養狗，可是前輩們的經驗告訴我：

找狗，要謹慎，不能隨便亂找。

找到與自己最麻吉的狗，財運如水到渠成；

反之，除得憋一口悶氣外，還得花錢消災。

1 尋找我的招財狗

提到育狗經，朋友們的話匣子一打開，就各有千秋。

有人正值「熱戀期」，有人已到「七年之癢」，但更多的人是，對狗寶貝一見鍾情，談起狗寶貝的可愛模樣便如痴如醉，可是談著談著話鋒一轉，竟從「比可愛大會」頓時轉成了「比慘大會」：

「唉，如果牠不會亂咬我的沙發，還有梳妝台上的化妝品、保養品就更好了！」

「你家的還好啦！我家的更慘，牠還會翻垃圾桶裡的東西吃咧！」

「我家的更慘吧，牠會隨地大小便，怎麼教都教不會！」

「我家的也很慘，每次只要稍有

風吹草動，牠就叫個不停！」

「你們都還算不錯的啦！瞧我手上的罰單，這是我家狗寶貝被人檢舉噪音污染的結果！」

……

看來，俗話說「狗來富」，狗能為狗主人帶來財富，這是有前提的！也就是狗主人吸引財祿的星的特性，要能與狗的特性相互結合發揮，才能開運，才能招財，否則，就好像犯沖似的，怎麼相處，怎麼不對，尤有甚者，為了狗寶貝的教養及健康問題，搞得財庫吃緊！

養狗，就如同結交朋友，有貴人，有小人。怎麼選，才能選到貴人般的招財狗呢？以下請到中國風水命理星相協會執行長林洋豪老師，針對怎麼為自己選出一隻「無災無禍福自來，貴人祿馬相扶持，富貴開運財祿旺」的招財狗，從生肖姓名學、西洋占星學及性格學論吉凶。相信對我們在挑選與自己契合度最高的招財狗時，裨益甚大！

從生肖找速配狗狗

十二地支「子、丑、寅、卯、辰、巳、午、未、申、酉、戌、亥」依據易經中陰陽五行、刑、沖、破、害、會、合的學術，建議下列屬龍、羊、牛的生肖者，養狗應該審慎；

屬虎、馬、狗的生肖者，好狗運、好狗命，正是最佳寫照。

肖鼠者（1948、1960、1972、1984、1996）：

性格簡析：一板一眼，積極進取，能幹機智，聰明應變力強，深受眾人喜愛，為人樂觀是最大優點。

速配招財狗：貴賓犬、黃金獵犬、杜賓犬、喜樂蒂牧羊犬、大麥町犬、雪納瑞、哈士奇、柴犬、米格魯、大丹犬、北京犬。

肖牛者（1949、1961、1973、1985、1997）：

性格簡析：謹言慎行，實際可靠，令人信服，事業心強，不輕言放棄，事事盡力而為，是傳統主義的實踐者。

速配招財狗：邊境牧羊犬、拉不拉多、蝴蝶犬、西施犬、西藏獒犬、台灣犬、鬥牛犬。

肖虎者（1950、1962、1974、1986、1998）：

性格簡析：勇往直前，富冒險精神，獨善其身，擇善固執，熱愛權力鬥爭，有極端性格，為人表現領導氣勢。

速配招財狗：狼犬、瑪爾濟斯、雪納瑞、臘腸犬、約克夏、拳師犬、大丹犬、鬆獅犬、日本狆。

肖兔者（1951、1963、1975、1987、1999）：

性格簡析：生性敏銳纖細，禮貌周到，處世謹慎，不喜歡惹事生非，抱持和平主義，是平穩中求進步者。

速配招財狗：狼犬、喜樂蒂牧羊犬、秋田犬、博美犬、柴犬、哈士奇、米格魯、北京犬。

肖龍者（1940、1952、1964、1976、1988）：

性格簡析：氣勢雄偉，生性浪漫，有崇高理想與執著信念，行事要求盡善盡美，是典型的完美主義者。但經常顯得很茫然，令人感到高深莫測。

速配招財狗：大麥町犬、西藏獒犬、瑪爾濟斯、西施犬、雪納瑞、臘腸犬、柴犬、北京犬、大丹犬、拳師犬。

肖蛇者（1941、1953、1965、1977、1989）：

性格簡析：富柔軟性與隨機應變的行動力，具強烈的性魅力，知識豐富，性格獨特神秘，使人想一探究竟。

速配招財狗：邊境牧羊犬、貴賓犬、杜賓犬、喜樂蒂牧羊犬、蝴蝶犬、西藏獒犬、秋田犬、吉娃娃、西施犬、約克夏、哈士奇、拳師犬、鬥牛犬。

肖馬者（1942、1954、1966、1978、1990）：

性格簡析：自由奔放，熱情大方，獨立心強，喜歡社交活動，思考力與行動力是直線進行，行事速戰速決，不拖泥帶水。

速配招財狗：邊境牧羊犬、貴賓犬、狼犬、杜賓犬、蝴蝶犬、博美犬、柴犬、大丹犬、拳師犬、鬆獅犬、日本狆。

肖羊者（1943、1955、1967、1979、1991）：

性格簡析：忍耐力強，持續前進，努力不懈，愛好和平，內心感情纖細，性情柔和，屬藝術家類型，是典型的我行我素者。

速配招財狗：邊境牧羊犬、喜樂蒂牧羊犬、拉不拉多、蝴蝶犬、秋田犬、吉娃娃、約克夏、博美犬、柴犬、哈士奇、米格魯。

肖猴者（1944、1956、1968、1980、1992）：

性格簡析：頭腦靈活，口齒伶俐，開朗豁達，風趣機智，富解決問題與隨遇而安的能力，喜歡自我表現，平易近人。

速配招財狗：邊境牧羊犬、貴賓犬、杜賓犬、拉不拉多、吉娃娃、約克夏、哈士奇、西藏獒犬、大丹犬、拳師犬、台灣犬、北京犬、拉薩犬。

肖雞者（1945、1957、1969、1981、1993）：

性格簡析：行事與為人循規蹈矩，嚴守紀律，自尊心與義務感強烈，有先見之明，因而做事有計畫，不浪費時間，並且常做出驚人之舉。

速配招財狗：邊境牧羊犬、貴賓犬、黃金獵犬、杜賓犬、拉不拉多、蝴蝶犬、西藏獒犬、西施犬、哈士奇、米格魯、鬥牛犬、日本狆、台灣犬、北京犬、拉薩犬。

肖狗者（1946、1958、1970、1982、1994）：

性格簡析：通達人情義理，天性率直忠誠，觀察力強，遇事頭腦清晰、冷靜、沈著應變。對自己所尊敬或喜歡的人，可不顧一切地為他效命。

速配招財狗：狼犬、黃金獵犬、西藏獒犬、秋田犬、瑪爾濟斯、吉娃娃、臘腸犬、拳師犬、鬆獅犬、日本狆。

肖豬者（1947、1959、1971、1983、1995）：

性格簡析：率直天真，心直口快，為人正直，行事乾脆俐落，只要開始行動即一氣呵成，毫不畏縮，即使失敗，也因天性開朗而不覺難過。

速配招財狗：狼犬、黃金獵犬、喜樂蒂牧羊犬、西藏獒犬、博美犬、雪納瑞、柴犬、哈士奇、米格魯、北京犬。

從星座找速配狗狗

在西洋占星學裡，黃道十二星座根據宇宙的元素，又分水、火、土、風四大類，水象星座的人（雙魚座、巨蟹座、天蠍座），感情豐富，深沉內斂，相信直覺，對事物的洞察力很強，適合飼養善解人意的喜樂蒂牧羊犬、愛撒嬌的瑪爾濟斯、膽大心細的秋田犬、有主見獨立的雪納瑞、渴望疼愛的吉娃娃、友善活潑的米格魯、活潑獨立的北京犬。牠們是精神寄託的靈藥，有助於提高整體運勢。

火象星座（牡羊座、獅子座、射手座）的人，較有行動力，永遠精力充沛，保有一顆赤子心，適合飼養可愛活潑的約克夏、冒險犯難的臘腸犬、開朗活潑的博美犬、活潑善良的西施犬、俏皮聰明的貴賓犬、聰明機警的台灣犬、獨立機靈的北京犬。牠們是志同道合的夥伴，有助於提高整體運勢。

土象星座（金牛座、處女座、魔羯座）的人，較重現實與物質，做事小心謹慎，很有自知之明，個性堅毅穩健，凡事腳踏實地，眼見為憑的人生哲學，適合飼養溫馴聽話的大麥町犬、文靜有氣質的蝴蝶犬、溫和穩定的柴犬、絕對服從的狼犬、機靈聰明的博美犬、忠誠文雅的拉薩犬、聰明愛乾淨的日本狆、忠誠溫馴的鬥牛犬。牠們是情投意合的伴侶，有助於提高整體運勢。

風象星座（雙子座、天秤座、水瓶座）的人，想像力豐富，語言表達能力很強，追逐隨興自由的生活，思想觀念絕不能落伍，個性善變，適合飼養才貌出衆的哈士奇、好奇心強的約克夏、聰明外向的拉不拉多、性格小生的黃金獵犬、聰明伶俐的邊境牧羊犬、頑皮溫馴的拳師犬、高貴文雅的大丹犬。牠們是智慧的象徵，有助於提高整體運勢。

如果就十二星座狗主人的性格剖析，則飼養招財狗的衷心建議如下：

牡羊座（3/21～4/20）：

性格簡析：明朗熱誠，積極進取，富正義感及生活藝術的品味，喜歡嘗試冒險開創性的事物，但粗心大意，不懂得照顧自己。

速配招財狗：臘腸犬、貴賓犬、台灣犬。

金牛座（4/21～5/21）：

性格簡析：非常內向，有著超人般的忍耐功夫，為人純潔而熱誠，腳踏實地，但不喜歡麻煩別人，我行我素且頑固。

速配招財狗：狼犬、大麥町犬、柴犬、鬥牛犬。

雙子座（5/22～6/21）：

性格簡析：聰明機智，好奇心及求知欲強烈，敏捷俐落，喜歡與人交朋友，口才及文筆佳，但聰明不專一，持久力不夠。

速配招財狗：約克夏、黃金獵犬、拉不拉多、拳師犬。

巨蟹座（6/22～7/23）：

性格簡析：重視家庭，念舊重情義，對朋友忠誠，守口如瓶，善解人意，但多愁善感，缺乏安全感。

速配招財狗：喜樂蒂牧羊犬、吉娃娃、瑪爾濟斯、米格魯。

獅子座（7/24～8/23）：

性格簡析：明朗重情感，忠誠有義氣，自信有同情心，古道熱腸，慷慨大方，但好大喜功，剛愎自用，太愛花錢。

速配招財狗：博美犬、西施犬、貴賓犬、台灣犬。

處女座（8/24～9/23）：

性格簡析：求好心切，完美主義者，思想敏銳，喜歡井然有序及富有詩意的事物，但吹毛求疵，瑣碎嘮叨有工作狂的傾向。

速配招財狗：蝴蝶犬、博美犬、狼犬、日本狆。

天秤座（9/24～10/23）：

性格簡析：心思細膩，溝通力佳，富正義感，風采迷人，在社交圈中很受歡迎，但沒有擔當，優柔寡斷，受不了孤獨。

速配招財狗：黃金獵犬、哈士奇、邊境牧羊犬、拉不拉多、大丹犬。

天蠍座（10/24～11/22）：

性格簡析：吃苦耐勞，勇往直強，堅毅執著，佔有慾相當強，但得理不饒人，易感情用事。

速配招財狗：瑪爾濟斯、雪納瑞、秋田犬、北京犬。

射手座（11/23～12/22）：

性格簡析：崇尚自由，熱愛旅行，喜愛賭博，標準的冒險家，理想主義者，但任性衝動，喜怒無常，容易得罪人。

速配招財狗：貴賓犬、臘腸犬、約克夏、鬆獅犬。

魔羯座（12/23～1/20）：

性格簡析：保守謹慎，重視傳統及家庭觀念，細心實際，但自私自利，不擅溝通，不夠浪漫。

速配招財狗：柴犬、大麥町犬、蝴蝶犬、拉薩犬。

水瓶座（1/21～2/19）：

性格簡析：心地善良，多才多藝，熱情忠誠，真正的外交家，但交遊廣知心少，多管閒事。

速配招財狗：黃金獵犬、拉不拉多、哈士奇、拳師犬。

♓ 雙魚座（2/20～3/20）：

性格簡析：浪漫，善良，熱心，有明顯的藝術天分，但感情用事，不擅理財，容易受騙。

速配招財狗：雪納瑞、瑪爾濟斯、喜樂蒂牧羊犬、米格魯。

從性格找速配狗狗

就狗主人的個人性格剖析，飼養招財狗的建議分別是：

第一種：苛求的主人

苛求型的主人，通常喜歡「嚴謹」的狗，愈容易照顧的狗狗愈適合你，你在意的是牠們易於訓練及對自己的忠心耿耿，因此適合養那些極為聰明、容易訓練、乖巧聽話的狗狗，從牠的服從命令中，獲得特別成就感。建議飼養的犬種：邊境牧羊犬、西藏獒犬、杜賓犬、秋田犬、狼犬、大丹犬、日本狆、拉薩犬。

第二種：隨和的主人

隨和的主人與狗兒的關係，通常很放鬆而隨意，你喜歡貼心而有個性的狗狗，牠要夠聰明，擁有獨立的性格，不需要太多訓練，不會要求太多關愛，中小型的狗狗最適合你。建議飼養的犬種：黃金獵犬、拉不拉多、西藏獒犬、大麥町犬、雪納瑞、貴賓犬、吉娃娃、杜賓犬、米格魯、台灣犬、拳師犬。

第三種：溺愛的主人

溺愛型的主人總是把狗當成小孩，認為不管為牠們付出多少都不夠，不管是什麼都不會嫌麻煩，對狗兒的心理及生理需求極為敏感，從不吝於跟狗狗一起分享食物，你最適合那些喜歡受到眾人注目、活潑愛玩、外表可愛、需要常常梳理毛髮的狗狗。建議飼養的犬種：黃金獵犬、拉不拉多、貴賓犬、吉娃娃、瑪爾濟斯、博美犬、約克夏、北京犬、鬆獅犬。

第四種：明理的主人

明理的主人保持著不偏頗的態度，一方面明白關愛的重要，一方面很清楚訓練是不可或缺的過程，認真看待養狗的責任，注意狗狗的身心健康，教導牠明白規矩，讓狗狗有機會取悅自己。一隻友善、聰明、活潑且容易訓練的狗狗，是最能與你溝通，最能給你回報的寵物。建議飼養的犬種：拉不拉多、杜賓犬、狼犬、大麥町犬、柴犬、貴賓犬、雪納瑞、約克夏、鬥牛犬。

2 認識我的招財狗

貴賓犬（Poodle）

原產地：法國、德國

身　高：25～38公分

體　重：7～32公斤

毛　色：白色、黑色、棕色

個　性：忠誠服從，柔順明朗，聰明活潑，喜交際，可塑性高。

特　徵：長而直的吻部，前腿筆直平行，肌肉健壯的後腿，強壯的頸部；毛皮濃密而粗糙，耳朵長而寬，還有橢圓型的小腳，臉小。

瑪爾濟斯（Maltese）

原產地：馬爾他
身　高：20～26公分
體　重：2～3公斤
毛　色：白色
個　性：服從，穩定性強，溫馴，不神經質，無攻擊性，個性活潑
特　徵：純白色長毛，棕黑色的橢圓形眼睛，純黑色的鼻子

臘腸犬（Dachshund）

原產地：德國
身　高：13～27公分
體　重：4～12公斤
毛　色：紅色、黑黃褐色、巧克力色
個　性：活躍，有領導能力，伶俐，勇敢，刻苦，忍耐，樂觀，貪玩
特　徵：腳短身長，肌肉結實，胸部幾乎觸及地面；臉型俊秀，雙耳垂長

吉娃娃（Chihuahua）

原產地：墨西哥
身　高：15～23公分
體　重：1～3公斤
毛　色：白、褐、黃、灰、黑等的混色
個　性：大膽頑皮，活潑好動富感情，勇敢忠誠，友善，但對陌生人有提防心
特　徵：大眼大耳，頭部明顯，身上的短毛光澤且柔軟，後肢肌肉較發達

約克夏（Yorkshire Terrier）

原產地：英國
身　高：15～23公分
體　重：不超過3公斤
毛　色：鐵青色、金棕色
個　性：聰明，自信，自尊心強
特　徵：背部短而平直，身上的毛筆直且柔軟，胸部的毛呈華麗的金棕色，嘴上的毛也很長

博美犬（Pomeranian）

原產地：德國
身　高：28公分
體　重：2～3公斤
毛　色：白色、紅色、橘黃色、灰色、黑色
個　性：活潑，率真，友善，積極，愛撒嬌
特　徵：如狐狸般的豎耳，尾巴向上翹起到背上

柴犬（Shiba Inu）

原產地：日本
身　高：35～40公分
體　重：9～14公斤
毛　色：黃褐色、黑色與棕色、黑色
個　性：聰明機靈，獨立，愛乾淨，順從忠於狗主人，不易與他人親近，也不隨便吠叫
特　徵：三角形前傾的耳朵豎立，橢圓形的小眼睛、錐形的吻部、鐮刀狀的濃密尾巴

西施犬（Shih Tzu）

原產地：中國
身　高：23～27公分
體　重：4～9公斤
毛　色：白、褐、黃、灰、黑等的混色
個　性：開朗，固執，友善，自尊心強，喜歡遊戲，文雅忠誠，聰明愛撒嬌
特　徵：眼大而突出，有濃密的被毛和豐富的表情

米格魯（Beagle）

原產地：英國
身　高：33～38公分
體　重：8～14公斤
毛　色：白色、黃色、黑色
個　性：活潑開朗，好動，好奇心重
特　徵：耳朵柔軟下垂，尾巴有精神的豎起

哈士奇（Siberian Husky）

原產地：俄羅斯
身　高：50～65公分
體　重：20～30公斤
毛　色：黑白色、棕白色、咖啡白色，也有純白色
個　性：友善，溫馴，外向，聰明活潑，喜歡群體工作，對陌生人沒有戒心
特　徵：立耳，眼睛為灰色、藍色或褐色，也有兩隻眼睛不同顏色的情形

邊境牧羊犬（Border Collie)

原產地：英國
身　高：46～54公分
體　重：14～22公斤
毛　色：不拘，以白黑色、褐白色居多
個　性：溫和順從，忠誠，聰明活潑，負責盡責，體力充沛，學習能力強
特　徵：全身披著豐富的長而稍呈波浪狀的毛，毛皮光滑

德國牧羊犬（German Shepherd Dog)

原產地：德國
身　高：55～66公分
體　重：32～44公斤
毛　色：黃褐色、黑色、狼灰色、灰色
個　性：勇敢、聰明、忠實、可靠
特　徵：耳朵豎起，眼睛為深色，鼻頭是黑色；肌肉發達，胸部厚實，背部寬又直，尾巴蓬鬆下垂

黃金獵犬（Golden Retriever)

原產地：英國
身　高：54～61公分
體　重：27～34公斤
毛　色：乳黃色、金色、咖啡色
個　性：溫馴聽話，活潑好玩，友善
特　徵：寬廣的體格，搭配充滿光澤感的金黃色毛皮，服從性及學習度極佳

杜賓犬（Dobermann）

原產地：德國
身　高：65～69公分
體　重：30～40公斤
毛　色：黑色、咖啡色、黑褐色
個　性：聰明、大膽、記憶力強
特　徵：小耳朵高置於頭上，頸部瘦長，身上有棕褐色斑點，站立時跗關節到腳後跟呈垂直狀

喜樂蒂牧羊犬（Shetland Sheepdog）

原產地：英國謝德蘭群島
身　高：35～42公分
體　重：8～12公斤
毛　色：主色分為深淺褐色、黑色，搭配白色被毛
個　性：開朗溫馴，忠誠，熱情，服從性高
特　徵：有雙層毛髮，胸前有醒目的一圈白毛，前腿背後有邊毛，兩隻耳朵距離很近，背部直挺

拉布拉多（Labrador Retriever）

原產地：加拿大
身　高：25～34公分
體　重：55～60公斤
毛　色：黑色、黃褐色、巧克力色
個　性：聰明、溫馴、服從性高、活潑好動
特　徵：水獺狀的長尾巴、彎腳趾和厚腳墊、長肩胛

蝴蝶犬（Papillon）

原產地：法國
身　高：20～28公分
體　重：4～5公斤
毛　色：白黑色、白褐色
個　性：活潑開朗，友善，不會過度黏人，舉止高雅
特　徵：覆有長毛的特大耳朵，像野兔般的腳，腳趾中間有長毛。尾巴高且長有長毛，呈散開狀

大麥町犬（Dalmatian）

原產地：南斯拉夫
身　高：56～61公分
體　重：23～25公斤
毛　色：底色白色，有黑色或深褐色的圓斑點
個　性：沈靜，機敏，溫馴，忠實，獨立，有耐性
特　徵：醒目的散點圖案，耳尖為圓弧形，短而厚的濃毛，尾巴可以伸到跗關節的高度

西藏獒犬（Tibetan Mastiff）

原產地：西藏
身　高：70～76公分
體　重：79～86公斤
毛　色：黑色、黑褐色、深褐色、黃金灰色、棕色，胸部容許白色斑點
個　性：勇敢，機敏，忠誠
特　徵：頭型廣闊，四肢強而有力，黑色鼻子，有著黑色琥珀色眼睛

秋田犬（Akita）

原產地：日本
身　高：60～71公分
體　重：34～50公斤
毛　色：棕紅色、白色、虎斑色
個　性：穩重，冷靜，忠誠，有耐性，但不友善或愛玩
特　徵：三角形耳朵向前傾，頭大額寬、眼睛四邊呈黑色，尾巴內側的毛為白色，捲起時與身體毛色成為對比色

雪納瑞（Schnauzer）

原產地：德國
身　高：30～36公分
體　重：6～8公斤
毛　色：黑色、銀黑色
個　性：開朗活潑，勇敢堅強，友善但警覺性高，對於領土的保衛性非常強悍
特　徵：短小精幹，濃眉且鬍鬚茂盛，台灣俗稱「老夫子」

大丹犬（Great Dane）

原產地：德國
身　高：76～81公分
體　重：44～56公斤
毛　色：淺黃褐色、藍灰色、黑色或白底加黑斑紋
個　性：溫馴，聰明，勇敢，友善，敏捷
特　徵：體型優美，氣質高雅，尾巴呈長且細的劍狀尾，中段稍微彎曲，呈半下垂狀

拳師犬（Boxer）

原產地：德國
身　高：53～63公分
體　重：25～32公斤
毛　色：黑斑紋、金黃色、白色
個　性：活潑好動，聰明伶俐，順從，敏捷有活力
特　徵：中型體型，短毛，四肢強而有力，筆直的前腿，頸部沒有贅肉，且肌肉發達

鬥牛犬（Bulldog）

原產地：英國
身　高：34～41公分
體　重：22～25公斤
毛　色：淺黃色、棕色、虎斑色
個　性：溫馴，忠誠，順從，友善
特　徵：頭部巨大而短，略呈球型，肩幅寬，四肢粗短，骨骼粗大壯碩

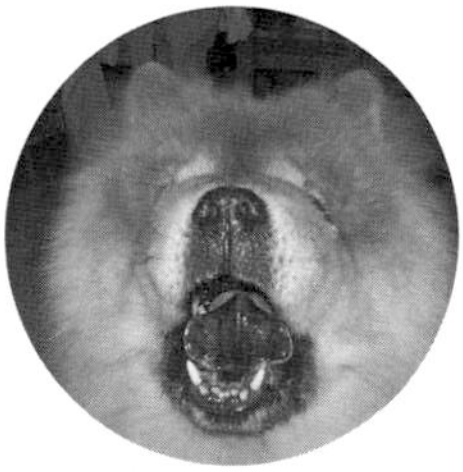

鬆獅犬（Chow Chow）

原產地：中國
身　高：46～56公分
體　重：20～32公斤
毛　色：黑色、紅色、藍色、乳白色
個　性：獨立，敏感，聰明，忠誠，防禦力強，對陌生人冷漠
特　徵：濃密的兩層毛皮，脖子上有一大圈頸圈及紫黑色的舌頭與牙齦

日本狆（Japanese Chin）

原產地：日本
身　高：20～23公分
體　重：2～3公斤
毛　色：黑白色、紅白色
個　性：聰明，警覺，溫馴，友善
特　徵：頭部中間通常為白色被毛，眼睛又大又黑，耳朵毛特別長

北京犬（Pekingese）

原產地：中國
身　高：15～23公分
體　重：3～6公斤
毛　色：紅色、褐色、黑色、白色
個　性：威嚴，積極，獨立，活潑，忠誠，有強烈的地盤意識
特　徵：漂亮的長毛、分得很開的圓眼睛、塌鼻子、短身體、大頭

拉薩犬（Lhasa Apso）

原產地：中國
身　高：25～28公分
體　重：6～7公斤
毛　色：黑色、白色、褐色
個　性：聰明，獨立，忠誠，敏銳，友善，聽力好，警覺性高
特　徵：耳朵長滿絨毛，後腦上有很長的分際線

台灣犬（Taiwan Dog）

原產地：台灣

身　高：36～50公分

體　重：16～20公斤

毛　色：黑色、虎斑色、黃色

個　性：聰明，友善，忠誠，敏銳，警覺性高，親和力佳，耐粗勞

特　徵：顎部牙齒堅固有力，紫黑色舌斑，鐮刀尾

招財狗教室

Q：如何判斷狗狗的情緒？

A：大致上可以聲音、尾巴及肢體動作來觀察。

1. 高興或興奮：發出「汪汪」的短吠聲；尾巴不停搖擺。
2. 不安或寂寞：發出「咿ㄧ」的悲鳴聲；尾巴下垂。
3. 恐懼或痛苦：發出「哀ㄧ」的低吟聲。
4. 準備發動攻擊：發出「嗯…」的低吼聲；尾巴與耳朵向上豎立；咬牙。
5. 想要玩耍：尾巴小幅搖擺；舉起前腳，後腳雀躍，並伴隨吠叫。
6. 絕對服從：尾巴與耳朵下垂；身體翻轉過來，露出肚子。

招財狗智商排行榜

第1位：邊境牧羊犬Border Collie
第2位：貴賓犬Poodle
第3位：德國牧羊犬German Shepherd Dog
第4位：黃金獵犬Golden Retriever
第5位：杜賓犬Dobermann
第6位：喜樂蒂牧羊犬Shetland Sheepdog
第7位：拉布拉多獵犬Labrador Retriever
第8位：蝴蝶犬Papillon
第9位：洛威拿犬Rottweiler
第10位：澳洲牧牛犬Australian Cattle Dog
第11位：威爾斯柯基犬Welsh Corgi
第12位：迷你雪那瑞Miniature Schnauzer
第13位：英國跳獵犬English Springer Spaniel
第14位：比利時特伏丹犬Belgian Tervueren
第15位：舒柏奇犬Schipperke；比利時牧羊犬Belgian Sheepdog
第16位：長毛牧羊犬Collie；凱斯犬Keeshond
第17位：德國短毛指示犬German Shorthaired Pointer
第18位：平毛拾獵犬Flat-Coated Retriever
第19位：布列塔尼獵犬Brittany
第20位：可卡獵犬Cocker Spaniel
第21位：威瑪獵犬Weimaraner
第22位：比利時瑪利諾犬Belgian Malinois；伯恩山犬Bernese Mountain Dog
第23位：松鼠犬Pomeranian
第24位：愛爾蘭水獵犬Irish Water Spaniel
第25位：維茲拉犬Vizsla
第26位：威爾斯柯基犬（卡狄根）Cargigan Welsh Corgi
第27位：芝比克灣獵犬Chesapeake Bay Retriever；波利犬Puli；約克夏

Yorkshire Terrier

第28位：巨型雪那瑞Giant Schnauzer

第29位：萬能㹴Airedale Terrier：法蘭德斯畜牧犬Bouvier Des Flandres

第30位：邊境㹴Border Terrier：伯瑞犬Briard

第31位：威爾斯獵鷸犬Welsh Springer Spaniel

第32位：曼徹斯特㹴Manchester Terrier

第33位：薩摩耶犬Samoyed

第34位：田野長毛垂耳獵犬Field Spaniel：紐芬蘭犬Newfoundland：澳洲㹴Australian Terrier

第35位：凱恩㹴Cairn Terrier：凱利藍㹴Kerry Blue Terrier：愛爾蘭蹲獵犬Irish Setter

第36位：挪威獵麋犬Norwegian Elkhound

第37位：艾芬篤賓犬Affenpinscher：澳洲絲毛㹴Australian Silky Terrier：迷你品犬Miniature Pinscher：英國蹲獵犬English Setter：法老王獵犬Pharoah Hound：克倫伯長毛垂耳獵犬Clumber Spaniel

第38位：諾威奇㹴Norwich Terrier

第39位：大麥町犬Dalmatian

第40位：愛爾蘭軟毛㹴Soft-coated Wheaten Terrier：平毛拾獵犬Flat-Coated Retriever：貝林登㹴Bedlington Terrier：平毛獵狐㹴Fox Terrier（Smooth）

第41位：捲毛拾獵犬Curly-Coated Retriever：愛爾蘭獵狼犬Irish Wolfhound

第42位：庫瓦斯犬Kuvasz：澳洲牧羊犬Australian Shepherd

第43位：薩路基獵犬Saluki：芬蘭狐狸犬Finnish Spitz：指示犬Pointer

第44位：騎士查理王獵犬Cavalier King Charles Spaniel：德國鋼毛指示犬German

Wirehaired Pointer；黑褐獵浣熊犬Black & Tan Coonhound；美國水獵犬American Water Spaniel

第45位：西伯利亞哈士奇Siberian Husky；比熊犬Bichon Frise；英國玩賞曲卡English Toy Spaniel

第46位：西藏獵犬Tibetan Spaniel；英國獵狐犬Foxhound（English）；奧達獵犬Otterhound；美國獵狐犬Foxhound（American）；格雷伊獵犬Greyhound；鋼毛指示格里芬犬Wirehaired Pointing Griffon

第47位：西高地白㹴West Highland White Terrier；蘇格蘭獵鹿犬Scottish Deerhound

第48位：拳師犬Boxer；大丹犬Great Dane

第49位：臘腸犬Dachshund；斯塔福郡鬥牛㹴Staffordshire Bull Terrier

第50位：阿拉斯加雪橇犬Alaskan Malamute

第51位：惠比特犬Whippet；中國沙皮犬Chinese Shar-pei；剛毛獵狐㹴Fox Terrier（Wire）

第52位：羅德西亞背脊犬Rhodesian Ridgeback

第53位：伊比沙獵犬Ibizan Hound；威爾斯㹴Welsh Terrier；愛爾蘭㹴Irish Terrier

第54位：波士頓㹴Boston Terrier；秋田犬Akita

第55位：斯開島㹴Skye Terrier

第56位：諾福克㹴Norfolk Terrier；西里漢㹴Sealyham Terrier

第57位：巴哥犬Pug

第58位：法國鬥牛犬French Bulldog

第59位：布魯塞爾格林芬犬Brussels Griffon；瑪爾濟斯Maltese

第60位：義大利格雷伊獵犬Italian Greyhound

第61位：中國冠毛犬Chinese Crested

第62位：丹第丁蒙㹴Dandie Dinmont Terrier：迷你貝吉格里芬凡丁犬Petit Basset Griffon Vendeen：西藏㹴犬Tibetan Terrier：日本狆Japanese Chin：湖畔㹴Lakeland Terrier

第63位：英國老式牧羊犬Old English Sheepdog

第64位：大白熊犬Great Pyrenees

第65位：蘇格蘭㹴Scottish Terrier：聖伯納犬Saint Bernard

第66位：牛頭㹴Bull Terrier

第67位：吉娃娃 Chihuahua

第68位：拉薩犬Lhasa Apso

第69位：鬥牛馬士提夫Bullmastiff

第70位：西施Shin Tzu

第71位：巴吉度獵犬Basset Hound

第72位：獒犬Mastiff：米格魯Beagle

第73位：北京犬Pekingese

第74位：血猅Bloodhound

第75位：蘇俄牧羊犬Borzoi

第76位：鬆獅犬Chow Chow

第77位：鬥牛犬Bulldog

第78位：貝吉生犬Basenji

第79位：阿富汗獵犬Afghan Hound

資料來源：美國哥倫比亞大學心理學教授Stanley Coren，「犬隻的工作服從性和智商」。

第二部
讓我的招財狗健康久久

終於，我找到了和我最麻吉的招財狗。
絞盡腦汁之後，我決定叫牠「招財」。
我希望我的招財運源源而來，
那麼照顧好招財、教育好招財，使之健康成長，
就是不二法門。

1 招財狗，頭好壯壯

民以食為天，狗也不例外。招財有個剛認識的狗友，叫小白。小白三餐吃得很「人性」，有魚有肉，又鹹又油。小白的主人覺得理所當然，反正「黑白吃，黑白大」(台語)，況且，小白也吃得很開心。

有一天，正值小白用餐時間，小白的主人為牠準備了魚刺大餐。然而，意外的是，小白將魚刺下肚後，魚刺竟穿破了牠的消化道，導致胃出血。最後，小白被緊急送往加護病房，才救回了一條狗命。

小白血淋淋的親身經歷告訴我們，狗狗可不是什麼都能吃的，吃到不能吃的食物，可能就因此一命嗚呼！那麼，什麼是可以吃的食物，什麼又是不可以吃的食物呢？這一切得從狗狗的飲食習慣說起。

狗狗一天吃幾餐？

原則上，新生的狗狗少量多餐。未滿三個月大的狗狗，每天至少餵食四餐，即早餐、中餐、晚餐及宵夜。三到六個月大的狗狗，每天最好也餵食四餐，惟午餐和宵夜的份量可以減少。六到十二個月大的狗狗，每天只須餵食兩餐，即早餐和晚餐。一歲以上的狗狗，早餐可有可無，但每天還是以餵食兩餐為最理想。

需要提醒的是，無論狗主人是採用市售的狗食餵食狗狗，還是自製的狗食餵食狗狗，都要在狗狗十二週齡之前，儘早決定，然後固定使用相同的狗食餵食狗狗，讓狗狗的消化系統達到最佳狀態。千萬不要將自製的狗食與市售的狗食混合使用，或是每天餵食狗狗不同的狗食，這樣不但會導致狗狗的營養失衡，同時也會讓狗狗養成挑剔的胃。

另外，當狗狗一歲大（約人類的十八歲），狗食需要從幼犬專

時間／年齡	早餐	午餐	晚餐	宵夜
0～3 個月	◎	◎	◎	◎
3～6 個月	◎	○	◎	○
3～12個月	◎		◎	
1歲以上	○		◎	

註：標◎者係一般食物量，標○者係可有可無。

用轉換成犬專用時，也要採用循序漸進的方式進行，千萬不要一次就全部更新，這樣容易引起狗狗下痢或食慾不佳。而所謂循序漸進的方式，可以是第一天新狗食占比二五％，第二天新狗食占比五〇％，第三天新狗食占比七五％，第四天新狗食占比一〇〇％。

最後，記得做好狗狗進餐次數的管制。千萬不要因為一時惰性或片刻疏忽，而繼續餵食狗狗在幼犬時期一天四餐的份量，導致狗狗太過肥胖，從而引發糖尿病、肝病、關節炎、過敏、皮膚病等大小疾病。

狗狗一天吃多少量？

要評估狗狗一天的食量，可用卡路里來計算。以三十公斤重的招財為例，其計算方式如下：

招財狗教室

Q：如何判斷狗狗對新狗食的接受度？

A：以六～八週作為觀察期，記錄狗狗的反應。

1. 皮毛是否失去光澤、晦暗、乾燥？是的話，可能是產品營養成份不當。
2. 皮膚是否出現劇癢、發疹？是的話，可能為食物過敏。
3. 便便是否有刺鼻臭味？是的話，可能是狗狗的消化系統一時無法適應新狗食，通常短期內就會恢復正常。
4. 體重是否大增？是的話，可能是換了較高級的狗食，營養成分較高的緣故。這時可依照包裝上的指示，減少餵食量。反之，如果體重下降，則要增加餵食量來維持正常體重。

資料來源：美國動物飼糧管理協會（AAFCO）。

愛犬生長營養要素表

犬種	體重（磅）	體重（公斤）	最低所需能量（千卡／日）
小型犬	5	2.3	260
	10	4.5	440
	15	6.8	585
中型犬	30	13.6	990
	50	22.7	1450
大型犬	75	34.1	1950
	100	45.5	2450

（一）將狗狗的體重（公斤）乘以三次，即30×30×30＝27000

（二）將（一）的答案開根號，即$\sqrt{27000}$＝164.32

（三）將（二）的答案開根號，即$\sqrt{164.32}$＝12.82

（四）將（三）的答案乘以一百二十五，即12.82×125＝1602

由此得知，招財一天需要一六〇二卡路里。

如果狗狗太胖或懶得運動，那就要在（四）的地方，把一百二十五改為一百。另外，如果不想傷腦筋計算卡路里的話，也可以參考美國營養學會提供的「愛犬生長營養要素表」。

得到招財一天需要多少卡路里的數據後，接下來就可以計算招財一天需要吃多少量。通常，狗食的包裝上都有載明成分分析表，同時也標明了卡路里。以一〇〇公克為四〇〇卡的狗食為例，其計算方式如下：

（一）需要的卡路里除以狗食公克數的卡路里，即1602÷400＝4.0

（二）將（一）的答案乘以包裝上所記載的克數，即4.0×100＝400

由此得知，招財一天需要的狗食量為四〇〇公克。

當然，這個計算公式不僅可以作為平常生活的參考標準，當狗狗太胖需要減肥時，也可以拿來作參考數據。

狗食怎麼選取？

給狗狗吃的食物，可以買市售的，也可以自行烹調。想要給狗狗吃營養均衡的食物，最經濟又便捷的方式莫過於餵食牠市售的狗食；因為它是專門為狗狗製造的食品，固然含有精心設計的熱量和營養。而以市售的狗食來說，根據水分含量的不同，大致可分成乾式、半濕式及罐裝三類。

乾式狗食：即狗乾糧，約含一〇%的水分，而且都經過防腐處理，不需冷藏保鮮。這類狗食足以供應不同犬種及各年齡層的狗狗所需。不少養狗專家也建議餵食狗狗這類狗食，因為它不僅營養均衡，而且可以大量採購及長期貯存，價格也相對低廉。對大型犬來說，可以節省不少費用。對成犬來說，還可以讓牠在進食時磨擦牙齒，幫助保持牙齒乾淨，減少牙結石的形成，而且便便的臭味也比較少。惟貯存要適當，避免置放在溼熱的地方，造成其所含的維生素變質或失效。另外，也要避免餵食過量，造成狗狗肥胖。

半濕式狗食：約含二五％的水分，而且都經過防腐處理，不需冷藏保鮮。這類狗食多製成肉餡或肉塊狀，價格比較昂貴。因為看起來像「肉」，所以對於嗜吃鮮肉的狗狗，尤其是小型犬來說，是取代鮮肉的很好代替品。惟它的含糖量高，不適用於患有糖尿病的狗狗食用。

罐裝狗食：即狗罐頭，約含七八％的水分（大約與新鮮肉類相等），而且已殺菌、密封，不需特別防腐保存。這類狗食味道多樣化，適口性佳，深受狗狗喜愛。它分有兩類，一類是含穀類，一類是全肉；使用全肉狗罐頭餵食狗狗時，還需依照各品牌的指示，給予適量的餅乾，才會營養均衡。需要提醒的是，這類狗食價格昂貴，營養價值又不及狗乾糧，便便也比較臭，而且開罐後要盡快食用；如果沒吃完，則要放在冰箱，但最好不要超過三天，吃的時候則要稍微熱一下，所以狗主人選購時最好三思。另外，狗罐頭的肉塊和肉汁含有大量水分，所以也不適合腸胃敏感、容易腹瀉的狗狗食用。

無論選用哪一類狗食，都要注意它的口碑、有效期限、營養成分標示，以及是否有詳細列出製造商、包裝商或經銷商的名稱與地址。

以狗乾糧為例，多數獸醫師都推薦希爾思和皇家。在有效期限方面，通常乾狗糧的保存期限為一年到一年半，狗罐頭的保存期限為二到三年。如果狗狗突然拒吃平常在吃的食物，那麼，除了檢查牠是否生病外，還要注意該狗食是否不新鮮。在營養成分標示方面，以美國產品為例，包裝上須有AAFCO（美國動物飼糧管理協會）認證，註明營養「均衡且完整」；有該認證者，也代表該食品含有足量的營養素，可以滿足狗狗在某一生命階段的營養需求。

狗狗怎麼餵食？

對剛出生的狗狗來說，母乳是最主要的營養來源。因為母乳（尤其是初乳）含有高量的抗體，狗寶寶吸取這些特殊蛋白質，可以讓牠的身體比較健康。

對出生三週後的狗狗來說，由於狗寶寶已開始長牙，喝奶時經常會咬痛狗媽媽的乳頭，導致狗媽媽討厭餵奶，因此可以將母乳（或幼犬用的奶粉）與離乳食合併使用，然後慢慢增加離乳食的份量，直到狗寶寶六、七週大，完全離乳為止。

對一到兩個月大的狗狗來說，在餵食離乳食時，須先以溫水

或狗奶粉沖泡的奶水泡軟，再餵食。通常，餵食的份量不能太多，餵食的次數在開始離乳時為每日六～八次，完全離乳後則為每日四次。若無大礙，狗寶寶在第五週就可以吃較硬的狗食，到第六週就能斷奶。

對三到六個月大的狗狗來說，幼犬專用的狗食是主要的營養來源。狗主人在狗寶寶出生兩個月後，乳牙慢慢長齊時，就要慢慢將離乳食轉換成幼犬專用的狗食。另外，為了使狗狗的牙齒能夠茁壯成長，最好也避免餵食泡軟的狗食。

對六個月到一歲大的狗狗來說，乳牙漸漸更換成永久齒，體格也漸漸變大、定型，同時體重不會再增加。這時候，狗主人就必須調節飲食量，慢慢將幼犬專用的狗食轉換成成犬專用的狗食。

對一到七歲大的狗狗來說，控制飲食量

正確的餵食方式

1. 定時。通常安排在家人用餐後。
2. 定點。通常選在容易打掃的地方，如廚房、室外。
3. 定量。以市售狗食為例，請參照狗食包裝上標示的餵食建議量。
4. 安靜。放任狗狗自由進食20～30分鐘。
5. 清除。時間一到，無論狗狗有沒有吃完，全部撤走。
6. 善後。將餐盤洗乾淨，順便檢查飲用水是充足。
7. 休息。飯後先做好充分休息，再帶出外散步，順便大小便。

是首要之務，基本上以攝取高蛋白質、低脂肪、低碳水化合物的狗食為佳。但切記，千萬不要餵食過量，導致狗狗營養過剩而過胖。以養在室外的狗狗為例，其春天、秋天的狗食如果是一○○%的話，那麼夏天的狗食就要減少一○～十五%，冬天的狗食則要增加十五～二○%。此外，需要提醒的是，狗狗吃飯前後最好不要作劇烈運動或散步，因為這樣可能造成狗狗（尤其是大型犬）胃扭轉，令狗狗暴斃。

對八歲以上的狗狗來說，由於步入老年期，牙齒、腸胃等器官機能日漸衰竭，運動量也日漸減少，因此需要降低卡路里的攝取，以及慎選蛋白質易攝取的狗食。另外，也要限制鹽分的攝取，注意狗食包裝上的鈉含量。因為鹽份太高將導致狗狗罹患高血壓、心臟病及腎臟病。

對認養或購買回來的狗狗來說，狗主人在帶回家之前，一定要先請教原飼主該狗狗的飲食習慣，例如吃的內容、份量及時間等等，接著，帶回家之後，先按照原來的飲食習慣餵食，再慢慢改變，以免狗狗一時不適。

狗狗不能吃哪些食物？

人們吃的食物，狗狗未必都能吃。一旦誤食，嚴重者就可能命喪黃泉了。

那麼，狗狗必須忌口的食物有哪些呢？可歸納成九大類。

一、巧克力（危險程度：★★★★★）

巧克力中含有讓狗狗中毒的可可鹼（Theobromine），可可鹼在一一五毫克／公斤的劑量下就可能致命，換算後即每公斤的狗如果吃下九公克的純巧克力就有可能致死。通常，巧克力中毒的狗狗會出現嚴重的流口水、嘔吐及腹瀉、頻尿、瞳孔擴張、心跳快速、極度亢奮、肌肉顫抖、昏迷等徵狀，狗主人可以此作為研判指標。

二、生肉及家禽肉（危險程度：★★★★☆）

狗狗的免疫系統還無法適應人工飼養出來的家禽及肉類。通常，生肉中毒

的狗狗分兩種，一種是中沙門氏菌毒，其徵狀是食慾極差、高燒、下痢、腹瀉、脫水、下腹部疼痛、意氣消沈等；一種是中芽胞桿菌毒，其徵狀是嘔吐、胃痛、下痢、嚴重帶血、休克、痲痺，狗主人可以此作為研判指標。

三、洋蔥（危險程度：★★★★）

洋蔥中含有破壞狗狗血液中紅血球的化學物質，僅一週一、兩小片的洋蔥就足以影響狗狗的輸氧量，造成狗狗急性貧血，甚至致命。通常，洋蔥中毒的狗狗，會出現疲倦、懶散、虛弱、體重減輕、經常氣喘、脈搏急速，以及牙齦和嘴部出現薄膜狀的分泌物等徵狀，狗主人可以此作為研判指標。

四、肝臟（危險程度：★★★★）

肝臟中富含維生素A，吃少量的肝對狗狗有益無害，但一週三片肝的量就

有可能造成狗狗維生素A中毒或維生素A過多症。如果狗狗另有補充維生素A，那麼千萬不能再餵食肝臟。因為這種疾病是漸進式的，早期不容易發現，等到發現時，多半已經造成不可恢復的損傷。而通常，罹患維生素A過多症的狗狗，會出現骨骼畸形、肘部和脊柱骨骼快速發育、體重減輕、厭食等徵狀。

五、骨頭（危險程度：★★★★）

雞鴨魚類的尖銳骨頭容易刺傷狗狗的嘴巴、食道及腸胃，尤有甚者，還會發展成急性骨潰瘍。如果狗狗突然出現嘔吐、腹痛、沒食慾等症狀，延誤治療就會演變成慢性胃潰瘍。一次吃進大量骨頭的狗狗，還會出現便秘的情況。如果硬要餵食骨頭，那麼最好用壓力鍋將骨頭煮爛，再餵食。

六、生雞蛋（危險程度：★★★★）

生蛋白含有卵白素（Avidin），而卵白素是一種會結合維生素H消化的酵

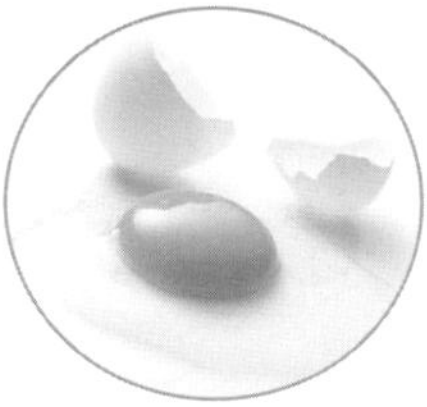

素，它會導致狗狗體內無法吸收維生素Ｈ。維生素Ｈ是狗狗生長及促進毛皮健康不可或缺的營養素，缺乏維生素Ｈ，狗狗會出現掉毛、虛弱、生長遲緩、骨骼畸形等症狀。另外，生雞蛋通常也含有沙門氏菌等病菌，餵食到最後，一樣會讓狗狗中毒。如果硬要餵食雞蛋的話，那就煮熟吧！

七、牛奶（危險程度：★★★）

牛奶含有乳糖，乳糖在腸子的分解需要藉助乳糖酵素。如果狗狗患有乳糖不適症，那麼喝太多牛奶就會因為無法分解而造成腹瀉、放屁、脫水或皮膚發炎等症狀。這時候，狗主人就應該停止餵食牛奶。

八、海鮮（危險程度：★★★）

海鮮含有較多的組胺，組胺與過敏原接觸，就會產生過敏反應。對海鮮過敏的狗狗，可能出現嘴巴紅腫、煩躁不安、全身性搔癢、皮膚出現過敏性丘疹或腹瀉等症狀。由於隨著個體不同，狗狗出現的症狀也不一，這些需

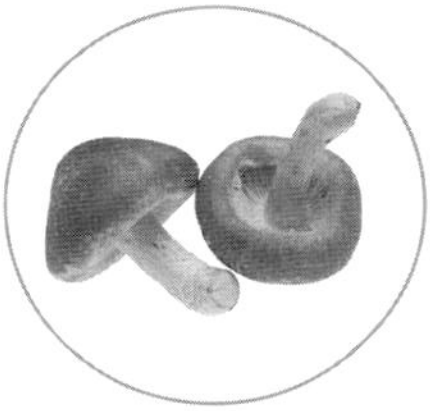

要靠狗主人平時仔細觀察，鑑別出狗狗對哪些食物過敏。

九、鹽分及辛香料（危險程度：★★★）

狗狗的汗腺較少，不能排出多量的鹽分，如果長期攝取過量的鹽分，就會影響狗狗腎臟的健康。再說，人們吃的食物，對狗狗來說，多半太鹹了，所以最好不要用人們吃的食物餵狗。如果硬要餵的話，最好先用水洗一下，減少鹽分。至於辛香料，禁食的原因在於，它會加重腎臟、肝臟的負擔，並且使狗狗的嗅覺遲緩。

其他如蒟蒻、竹筍、香菇、穀類、豆類等食物，容易導致狗狗消化不良，甚至嘔吐；蛋糕等甜食，容易造成狗狗肥胖、蛀牙，最好也不要餵食。

2 招財狗，閃閃動人

佛要金裝，狗要衣裝。此話一點也不假。那天，我就親眼目睹到了。

話說在一個風和日麗的下午，我帶著招財出外散步，結果差一點就回不了家。原因無他，就是招財遇見了小花。小花，狗如其名，花枝招展，耀眼奪目，令人好生羨慕。相較之下，招財就顯得相形見絀。

招財，似乎感覺到我對小花油然而生的愛慕頓時超越於牠，於是自卑般的鬧起了狗脾氣，任我怎麼推拖拉，就是賴著不走。最後，我對招財信心喊話：「我的招財最棒了！」招財這才卸下武裝，和我回家。

招財的突發狀況告訴我們，雖然我們無法確定狗狗對自己的外表美醜是否有意識，但可以確定的是，狗狗可以透過狗主人對待牠的表情和態度產生自信或自卑。而身為狗主人的我們，勢必都喜歡自己的狗寶貝乾乾淨淨、漂漂亮亮的。我們愛慕這樣的狗寶貝，狗寶貝也從中感受到我們的愛慕，自然而然就會散發出迷人魅力。只是，怎麼做才能使狗寶貝乾乾淨淨、漂漂亮亮的呢？撇開專業造型須由專業美容師打理不談，這一切得從基本功——梳理狗狗的毛髮說起。

怎麼梳理狗毛？

狗狗的毛髮每天都會隨著新陳代謝而脫落，狗主人利用梳毛的動作清理老舊的毛髮，去除毛髮上的髒污灰塵，不僅可以使狗狗的皮毛保持乾淨清爽，毛色富有光澤，還可以順便幫狗狗作個簡單的健康檢查，觀察狗狗的皮膚是否健康，有無異常皮屑脫落，甚至皮膚病感

染等。最重要的是，狗主人藉由平日幫狗狗梳毛，更能增進與狗寶貝間的親密關係。

當然，梳毛不是隨性梳，它是有正確方法的。

就次數而言，無論是長毛狗或是短毛狗，都要每天梳毛一到兩次。

就手勢而言，可以用「一手掀開被毛，一手順著毛生長方向梳理」的方式，徹底將狗狗身上的每個部位都梳理乾淨、柔順。需要提醒的是，剛開始梳理時，狗主人力道要稍微放輕，以免拉扯到打結的狗毛，或傷到狗狗的皮膚。使用針梳或木梳者，更要記得在使用前先用自己的手臂內側測試力道，以免狗狗疼痛。

以狗狗的品種和毛髮狀況來說，對於毛質較粗硬的短毛狗或大型犬，可以先用針狀梳齒的木梳整理身體毛髮，頭部附近較細而短的毛髮則用排梳梳理。對於毛質較細、僅有單層體毛的長毛狗，如瑪爾濟斯，或是全身體毛呈直立生長的貴賓犬，可以

招財狗工具箱

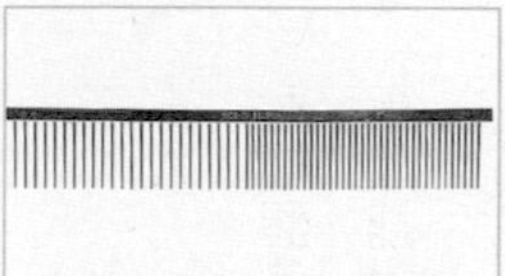

排梳：分開打結的毛球

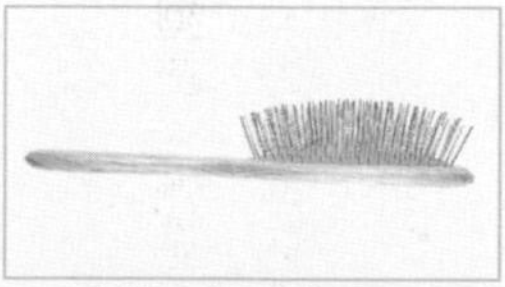

木梳：將毛梳順

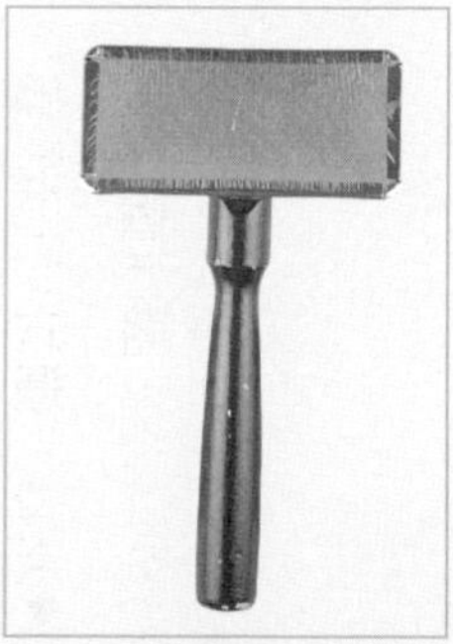

針梳：梳開濃密的披毛

用梳針較軟而細的木梳，將毛梳順後，再以排梳梳整出想要的毛髮造型。對於毛層多而厚的長毛狗，如西施犬、博美犬等，可以用木梳，以逆毛髮生長的方向，輕輕而短促的轉動，將毛梳開。

就地點而言，小型犬可以放在大腿上，大型犬可以放在桌子上，只要狗主人覺得方便即可，不一定要像美容院那樣，特別設置個專用的工作檯。需要提醒的是，如果狗狗是放在桌上梳毛，乃至剪毛、剪指甲、吹乾等，記得作業前，先在桌上鋪塊底布，這樣不但可以避免桌子被弄髒，或者被破壞，還可以防止狗狗因桌面太滑而滑倒。

另外，還要提醒的是，狗狗在春、秋兩季正值換毛期，時間約四到六週，掉毛量增加是正常現象，不必多慮，只要記得每天按時幫狗狗梳毛即可。在這個時期，勤於幫狗狗梳毛的話，可以促進新陳代謝，讓狗狗下一季長出的新毛更加健康漂亮！

怎麼清潔狗狗顏面？

以眼睛來說，眼毛太長，容易刺到狗狗的眼睛，造成狗狗「淚眼汪汪」，進而引發眼睛的疾病。眼睛大而突出或淚腺分泌多的狗狗，如西施犬、北京犬等更容易引發眼睛的疾病。所以，平日要用濕紙巾或濕棉團幫狗狗擦除眼垢。另外，把狗狗眼旁的毛髮綁起來，也是一個不錯的方法。

需要提醒的是，狗狗的眼睛距離地面近，容易受到灰塵感染，所以狗窩也要記得保持乾淨。如果遇到狗狗眼睛有異常流淚的狀況，可以先視察是否有異物或雜毛掉到狗狗的眼睛裡，有的話，可以用生理食鹽水沖洗，沒有的話，就要趕快就醫。

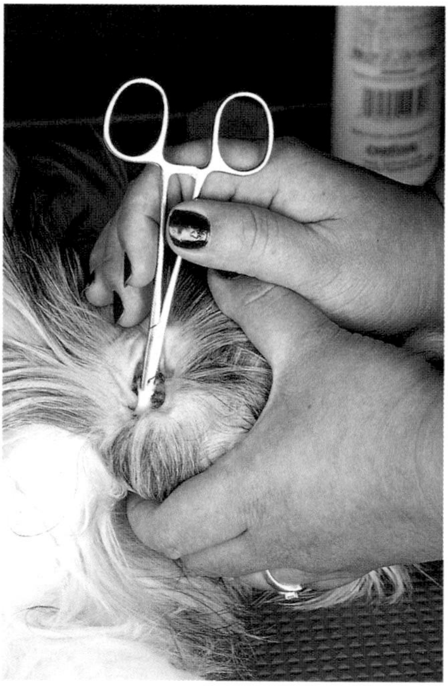

以耳朵來說，狗狗的耳道呈L型，容易堆積髒東西，如果不定期清理，就會產生惡臭、紅腫，甚至引發耳炎等耳朵疾病。通常，清潔耳道的工作，每週至少一到二次。平日與狗狗相處時，也可以順便檢查狗狗的耳朵是否有污垢，有污垢就用止血鉗將棉花夾緊、固定，再滴上適量的清耳液，深入狗狗的耳道中擦拭、清理。清理時，動作要輕柔，以免傷到狗狗的耳道，使之畏懼，進而不利於下次的清理。

需要提醒的是，如果不用止血鉗，而用棉花棒幫狗狗清潔耳道，則要注意棉花頭是否容易脫落；一旦不慎掉入狗狗的耳道裡，就要趕快就醫。也因為有這樣的風險，所以專家多建議，不要使用棉花棒幫狗狗清耳朵。

如果耳垢量太大，那麼拔耳毛就成了避免狗狗耳朵出問題的必要手段。尤其，長毛犬的耳道內會長耳毛，而污垢常常會附著在耳毛上，使之造成發炎或耳朵疾病，所以每一〇~三〇天就必須幫狗狗拔一次耳毛。耳毛長得快的狗狗，狗主人幫牠拔耳毛的次數自然要頻繁一點。

如果狗狗樂意配合，狗主人對拔耳毛的工作也不畏懼，那麼在家自行清理就可以了，不必都要交由寵物店的專業美容師或獸醫師清理才行。如果發現狗狗經常甩頭、用後腳猛搔耳朵，或有耳朵發臭、脫毛、出現傷口或異常分泌物等現象，那可能是感染了耳炎，必須趕快就醫。如果發現狗狗外耳道紅腫、耳垢呈黑色，那可能是感染了耳疥蟲，也必須趕快就醫。

招財狗工具箱

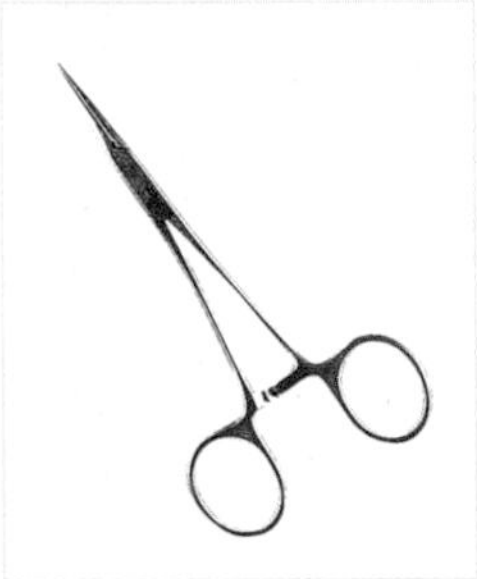

止血鉗：
拔除內外耳毛，夾棉花

清耳液：
清除耳垢、寄生蟲等等

正確的拔毛方式

1. 將狗狗的耳朵翻開，並輕輕用手壓住，讓耳道內的毛能清楚露出來。
2. 用止血鉗夾住耳毛靠近根部的地方，輕輕將其拔除。
3. 拔除完畢後，將清耳液灌入狗狗的耳道，按摩耳朵根部約30秒，使之充分浸潤耳道。
4. 待狗狗甩頭，將耳內髒東西甩乾淨後，再用棉花棒或衛生紙將過多的清耳液擦掉。

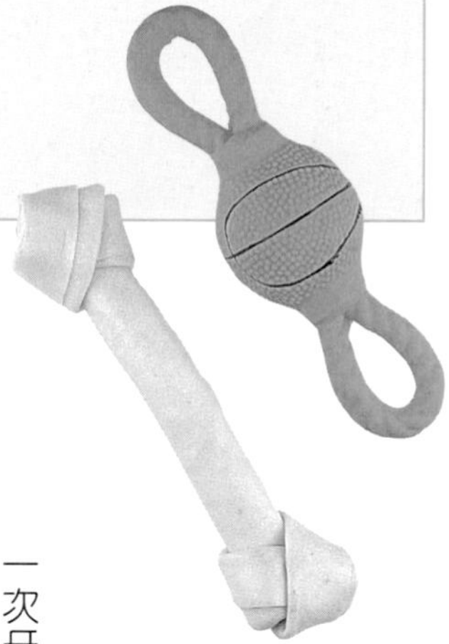

以牙齒來說，雖然狗狗蛀牙的機率比人們低，但罹患牙結石及牙周病的機率卻比人們高很多，所以做好狗狗牙齒潔白的工作也是很重要的！

通常，每七到十天，就必須幫狗狗刷一次牙。刷牙的方式，可以用食指包捲紗布，沾上溫水，替狗狗去除牙垢及按摩牙床；也可以用兒童牙刷、狗狗專用牙刷，或是套指牙刷，搭配狗狗專用牙膏，替狗狗清潔牙齒。同時，並為狗狗準備以牛皮製的潔牙骨，或狗狗專用的橡膠、布製玩具，平日就讓牠拿來啃啃咬咬，達到潔牙、磨牙的效果。

需要提醒的是，幫狗狗刷牙時，力道不要太大，以免傷到狗狗的牙齦，導致破皮流血。還有，如果發現狗狗牙齦發炎、紅腫，甚至流膿、口臭、牙齒搖搖欲墜，這表示狗狗可能罹患牙結石及牙周病，必須盡快就醫。

怎麼修剪狗狗指甲？

狗狗的指甲太長，有害無益，首當其衝的就是自己行動不便，而尖銳的指甲傷到人，尤有甚者，指甲長到內彎，倒生插到皮肉內，造成狗狗痛楚不堪，甚至發炎。活動量大的大型犬，或是常在砂地、粗糙地面活動的狗狗，因奔跑的時候會與地面磨擦，指甲自然而然就被磨短了，但是活動量低，或是在室內活動的狗狗，因家裡地板的磨擦力太小，沒辦法靠自己的活動量將指甲磨短，自然就需要靠狗主人的定期修剪。

通常，每七到十天，就必須幫狗狗修剪一次指甲。有的狗狗因為前次的「慘痛」教訓，會退避三舍，頑強抵抗。這時，狗主人就要用溫和且鼓勵的口吻呼喚牠，讓牠接近指甲剪並習慣它。等到狗狗的抗拒意識減弱，再將牠抱在懷裡，以讚美的口吻，既快又準地修剪牠的指甲。期間，如果狗狗又出現頑強抵抗的情況，那就要重頭再來一次——讓牠習慣，再剪。

正確的潔牙方式

1. 拿著塗上適量牙膏的狗狗專用牙刷，緩緩靠近狗狗，並用輕柔且帶鼓勵的口吻，安撫牠不安的情緒。
2. 用食指和拇指撐開狗狗的嘴巴，使之露出牙齒，接著輕輕托住狗狗的下顎，再用另一隻拿著牙刷的手輕輕刷狗狗外側的牙齒。
3. 當外側牙齒都清潔完畢後，再用塗上適量牙膏的套指牙刷輕輕刷狗狗外側及內側的牙齒。

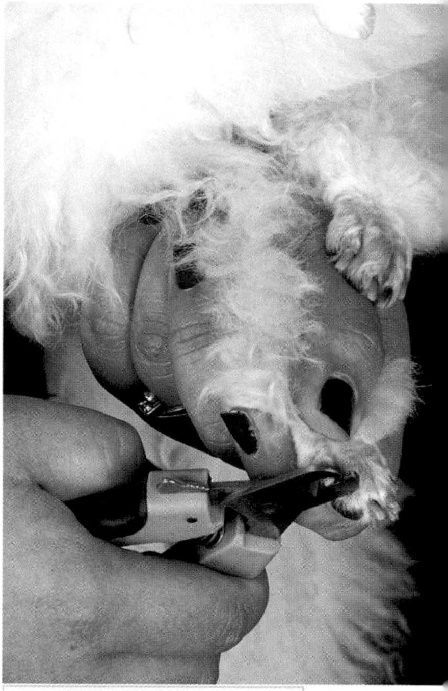

招財狗工具箱

指甲剪：修剪指甲

狗狗怕剪指甲，多半是因狗主人曾經剪痛、剪傷牠，而狗主人不敢幫狗狗剪指甲，也多半是怕剪出血來。其實，要避免剪出血來，只要不要剪到狗狗的血管就好了。而如何辨識狗狗的血管在哪裡呢？以白指甲的狗狗來說，透過燈光的照明，即可看到半透明白色指甲的血管，修剪時，只要避開紅色的血管區就可以了。以黑指甲的狗狗來說，由於看不到血管，修剪時，最好從尖端一點一點地慢慢剪，剪到指甲將彎曲的地方就可以了，換言之，下刀位置與腳掌平行，修掉指甲尖端即可。如果不慎剪到狗狗的血管，那就要趕快進行止血動作，也就是在傷口上灑止血粉，讓血立刻停止。

怎麼幫狗狗洗澡？

除了剛帶回家的狗狗需要有一段觀察期觀察牠是否患有什麼疾病，以及剛打完預防針的狗狗體內正在產生抗體，不宜洗澡外，通常，每七到十天，就必須幫狗狗洗一次澡。兩個月前的狗狗，基於溼洗容易感冒的理由，可以用溼毛巾擦拭替代之。

當然，洗澡也不是隨性洗的，它有正確的方式與步驟。

首先，在洗澡前，必須幫狗狗擠肛門腺。狗狗的肛門腺位在肛門兩側約四點鐘及八點鐘的位置，左右各一個且各有一個開口。肛門腺囊內充滿肛門腺液，顏色大多為棕色或土黃色；積久會變黑色或深咖啡色液狀或泥狀物，氣味臭而不好聞。如果沒有定期清潔，狗狗會因肛門腺出口阻塞而磨搓屁股，造成發炎或潰爛。清潔的方式是：拿三、四張對摺好的衛生紙，直接貼住肛門口，以姆指和食指按住肛門腺體，向內擠壓後向外拉，反覆數次直到肛門液排空，壓不出東西即可。

如果打算幫狗狗剪指甲、清耳朵，也可以順便在這個階段進行。擠完肛門腺、剪完指甲、清完耳朵後，接著就是幫狗狗梳毛，將附著在狗毛上的黏著物或打結的毛球梳掉。狗主人如果平日都有按時幫狗狗梳毛，這個階段就可以輕而易舉地完成。如果因一時惰性而遇上了結打得很紮實、必須使力扯開的毛球，那就得動刀了！

為了不讓狗狗有拉扯的疼痛，正確的動刀方式是：用左手的拇指和食指抓住毛球的根部，再用右手拾起剪刀將打結的毛球剪一個小開口，接著用兩手的拇指和食指將剪開的毛球撕開，再用針梳梳鬆，最後依序用寬齒及窄齒的排梳檢查還有沒有打結的毛球。需要提醒的是，毛球沾濕後，結會變得更紮實、更難解，所以毛球尚未解開前，狗主人最好不要幫狗狗洗澡。

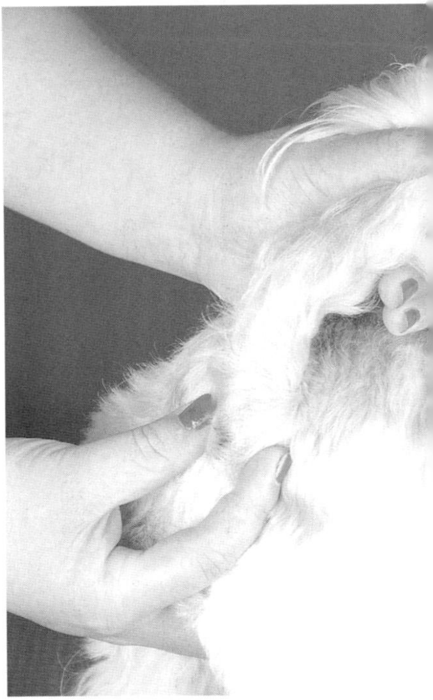

梳完毛髮後，就可以進入到洗澡的階段了！

步驟一　用手測試水溫，避免太冷或太熱，調到自己覺得舒服的水溫即可。

步驟二　將狗狗身上的毛，自背部、腹部、四肢到頭部，緩緩移動，徹底淋濕。

步驟三　淋到頭部時，把狗狗的臉抬高，讓蓮蓬頭貼著頭，水流順勢而下。同時，避免眼睛、鼻子進水。

步驟四　淋到耳朵時，同樣順著耳朵往下沖，避免耳朵進水。如果還是不放心，可以在洗澡前將適量的棉花塞到狗狗的耳中，只是洗完澡後要記得取出。

步驟五　將洗毛精倒在狗狗的頭部、背部及四肢，並以指腹搓洗按摩。同樣，要記得別讓眼睛、鼻子、耳朵浸到水及泡沫。

步驟六　搓洗到四肢時，要特別注意腳縫及腳掌的清潔。到腋下及屁股時，則因為這個部位比較容易出汗或沾到穢物，所以要特別加強搓洗。

步驟七　搓洗完每個部位後，就可以沖水了！沖水時，同樣按步驟二到四的動作反覆進行，直到徹底沖乾淨為止。這樣，狗狗才不致因殘留的洗毛精而引發皮膚病。

洗完澡後，緊接著就是吹乾！如果沒有馬上吹乾，狗狗可能因此罹患感冒，甚至皮膚病。吹乾的方式是：先用手擠掉狗狗身上的水，再用毛巾將狗狗包起來，以按壓的方式，

輕輕將狗狗身上的水擦乾。如果毛巾太濕，就要換條新的，以免狗狗著涼。

接著，就可以將吹風機調到溫風，在離狗狗十~十五公分的距離，徹底吹乾狗狗身上的每個部位。使用吹風機時，也可以用針梳以逆毛梳理的方式，從狗狗的背部、頸部、頭部、四肢、腹部、尾巴到耳朵，邊吹邊梳。其中，吹到狗狗的頭部時，為了避免針梳刺痛狗狗的臉，須改用排梳；吹到尾巴時，為了避免針梳刺痛狗狗的屁屁，須小心使用。這樣邊吹邊梳，狗狗的毛髮就可以很快乾爽。

需要提醒的是，大多數狗狗在洗澡、吹乾、甚至梳毛時都會焦躁不安，想讓牠安靜下來的不二法門，就是不斷以溫柔的口吻，稱讚牠是天底下最可愛、最聰明的乖狗狗！當然，狗主人在幫狗狗洗澡之前，最好先備妥所有沐浴用品及工具，以免狗狗乘主人忙亂之機溜走。

怎麼修剪狗狗雜毛？

修剪狗狗的毛髮有兩個目的，一是美容，一是保持清潔。撇開美容的目的不談（美容需要專業技術），要讓狗狗保持清潔，維持健康，有四個部位的雜毛一定要定期修剪，即腳毛、眼毛、嘴毛及屁屁毛。腳底毛太長，會使狗狗走路容易摔跤跌倒；眼角毛太長，會刺痛狗狗的眼睛，讓狗狗淚流不已；嘴邊毛太長，會使狗狗吃東西滿嘴污垢，長期下來毛也會變黃，不易洗淨，並產生衛生問題；屁屁毛太長，則會附著便便，影響排泄。

通常，每兩週就必須幫狗狗修剪雜毛一次。修剪的時間，可以是在洗澡吹乾之後進行，因為這時候狗狗的毛髮最蓬鬆，修剪起來比較容易。修剪的方式，以腳毛為例，先輕輕握住狗狗的腳，用排梳將牠腳踝部位的毛往下梳開，接著，用剪刀將超出腳掌的毛剪掉、修齊，再用電剪慢慢將腳掌肉墊的雜毛剃乾淨。要小心的是，不要剪

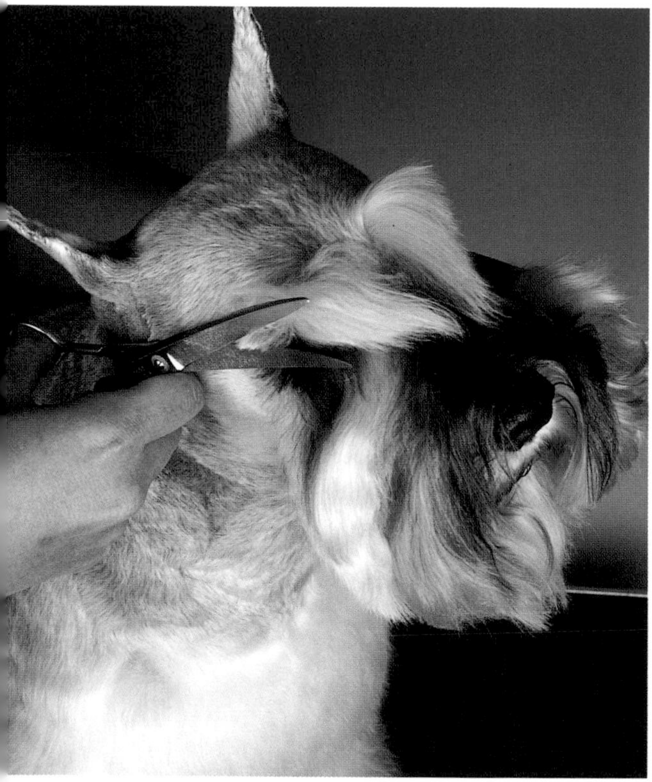

到狗狗的腳掌肉墊了！

以眼毛為例，先抓緊狗狗的頸部，避免牠因亂動而被剪刀戳傷眼睛，接著，將要剪的毛用排梳梳開、拉直，等頭固定不動後，用剪刀將額頭蓋住眼睛的毛往下梳，一次剪「齊」，再慢慢修飾成圓弧狀。鼻樑上的毛，則往上拉直到完全遮住眼睛，然後謹慎小心地用剪刀修掉遮住視線的雜毛。至於嘴邊毛，同樣也是先用排梳拉直後，再用剪刀修掉太長或影響吃飯的雜毛。

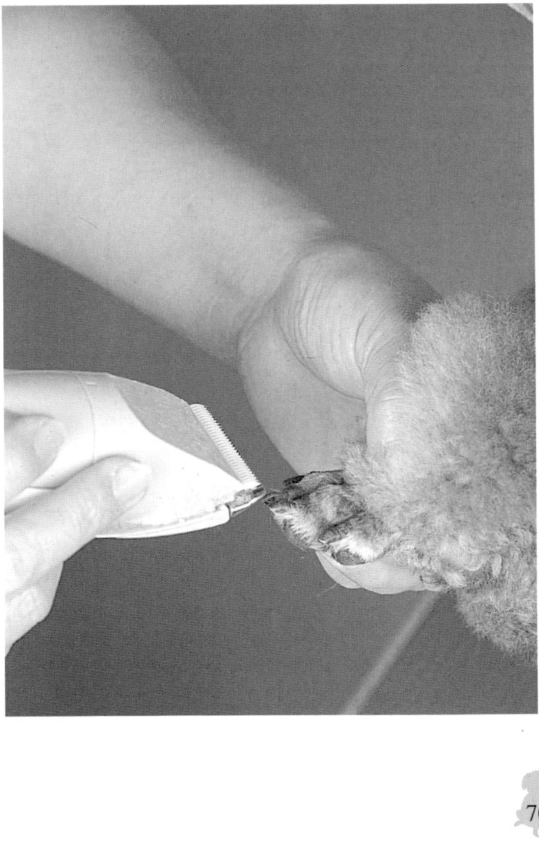

最後，在屁屁毛方面，修剪的方式是：一手拉起狗狗的尾巴，一手執起剪刀，沿著肛

招財狗工具箱

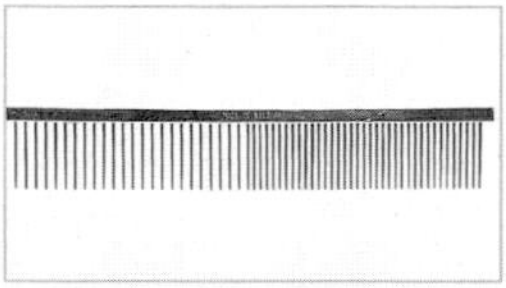
排梳：分開打結的毛球

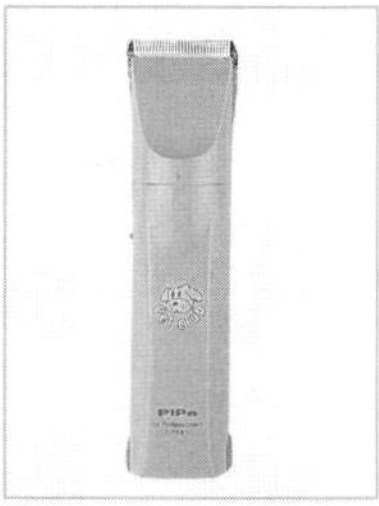
電剪：去除雜毛

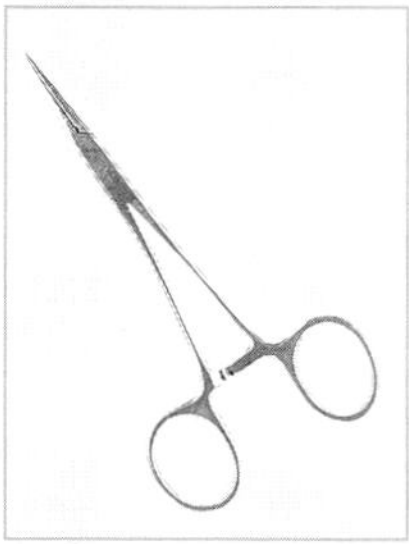
剪刀：修剪毛髮

門的周圍剪約○・三公分的寬度，同時小心不要剪傷狗狗的皮膚。除此之外，狗狗的生殖器毛也會因附著尿液而導致又臭又髒，其修剪的方式則在於：手持電剪，刀頭角度平行服貼於狗狗的皮膚，然後順著毛髮生長的方向，輕輕地剃掉周圍的雜毛，同時也要小心不要剃傷狗狗的皮膚。

因為我們不是專業的寵物美容師，幫狗狗修剪雜毛不可能又快又好。如果自認為手巧心細，又有耐心，那麼盡可能自己試試。如果自認為手拙心怯，又沒耐性，那麼還是交由專業的美容師打理，以免自己持刀手誤，讓狗狗遭到血光之災。

3 招財狗，徹夜好眠

金窩、銀窩，不如自己的狗窩。參觀過隔壁鄰居愛犬多多的狗窩後，我深深有了這樣的體悟。

多多的狗窩是這樣的：在要價近二○○○元的BURBERRY格紋狗窩裡，有要價一五○○至三○○○元的GUCCI狗碗、飛盤、球及狗骨頭；多多的主人還現了個要價五萬多元的LV狗提籃，說是多多出門時坐的……。舉目所及，盡是富麗堂皇貌。然而，作為狗窩主人的多多，卻敬而遠之，說什麼也不肯回狗窩睡覺、休憩，硬是要賴在狗主人的房間裡，東奔西竄。有一段時間，還會在深夜「引吭高歌」，令人輾轉反側。

追根究柢，原來是多多的主人，不僅把多多的狗窩當作是多多睡覺、休憩的地方，還把它當作是處罰多多的「反省室」，讓多多對它沒有安全感，沒有「家」的感覺。就如同從事犬類行為研究的專家所言，人們喜歡有個舒適、溫暖的家，狗也一樣；人們不會選擇斷垣殘壁、搖搖欲墜的屋子當家，狗也一樣；人們不喜歡待在像監獄的家，狗也一樣！那麼，怎麼幫狗狗打造一個像樣的家呢？這一切得從狗狗對環境的需求說起。

狗窩怎麼設置？

設置狗窩的目的，主要是讓狗狗有自己的私狗空間，可以安心睡覺、休憩或稍作喘息。然而，狗狗的性格不盡相同，就算是同一品種，個性也有所不同，因此，對於狗窩環境的需求自然也有所差異。

有的狗狗喜歡待在狹小的空間，有的狗狗喜歡待在寬闊的空間；有的狗狗喜歡待在熱鬧的空間，有的狗狗喜歡待在安靜的空間；有的狗狗需要寬敞的室外活動空間，有的狗狗只需要有個安全的室內活動空間即可。通常，以品種來區別的話，大型犬需要較大的活動空間，多設在室外，小型犬則反之。但無論如何，都是以舒適作為最優先考量，其次才是防水、通風及美觀的問題。

所謂舒適，最基本的要件就是要有個軟而暖和的床墊。它可以是條乾淨的舊毛巾、舊毛毯，也可以是件乾淨的舊衣服。這對以籠子為家的狗狗尤其重要。畢竟，沒有一隻狗狗是喜歡睡在冷冰冰的不鏽鋼架子上的。再來才是盛水的狗碗及裝食物的狗盆。如果狗狗很容易踩進自己的碗盆裡，則可以使用吊掛式的水壺或食器皿。最後就是保持安靜，請勿打擾。畢竟，狗窩是作為狗狗睡覺及休憩的「家」，如果狗狗窩在「家」裡也片刻不得安寧，那設置狗窩就沒什麼意義了。

需要特別說明的是，對於設在室外的狗窩來說，在材質上，可以選用白鐵、鋁合金或木製的；塑膠製的由於容易在長期日晒下產生脆化問題，所以不宜放在室外。另外，由於設在室外的狗窩必須經常面對風吹日晒雨淋，所以除了要耐用性及防水性強外，也要有防鏽及防腐的設計，尤其是木製的狗屋，否則會有發霉的問題。

至於設置的方位，和人們對住家的講究一樣，最好是坐北朝南，冬暖夏涼，同時通風良好、濕氣少、有陽光照射，這樣，對狗狗的健康比較好。但要記得的是，避開陽光直射，以免狗窩太熱，讓狗狗受不了。設置的空間大小，則要考量到狗狗長大後的體格，通常，都是以狗狗體格的兩倍大以上作為衡量標準。

對於設在室內的狗窩來說，在材質上，可以選用布製、塑膠製或木製的。另外，由於台灣的氣候濕氣重，遇上梅雨季節更是高溫高濕，這種情況最容易讓皮膚比較敏感或毛量比較多的狗狗因悶熱而引發皮膚發炎，甚至毛皮脫落等疾病，所以最好也能使用除濕機，降低室內溼度，讓狗窩保持乾爽。

至於設置的空間大小，則視用途而定。如果單純作為睡覺及休憩之用，空間可以小一點，只要讓狗狗在裡面有站立，且趴下來能完全舒展的空間即可；如果還要拿來作為自己外出時安置狗狗的地方，那麼空間就要再大一點，至少讓狗狗在裡面有轉身的空間，以免安置到最後安置出病來。

狗窩怎麼維護？

絕大多數的狗狗都是愛乾淨的。因為維持乾淨是狗狗的本能，以野生的來說，在狗寶寶剛出生時，狗媽媽會將牠的大小便舔乾淨，以免留下尿尿和便便的味道，既弄髒巢穴，又成為天敵覓食的線索。因此，可以選擇的話，很少有狗狗會弄髒自己睡覺的地方。

而狗主人如果希望狗寶貝把他所準備的狗窩視為「家」，視為可以安心睡覺及休憩的好地方，那麼就要扮演好「狗傭」的角色，經常幫狗寶貝的狗窩及周遭環境做好清潔打掃的工作。否則，硬要狗寶貝待在又臭又髒的狗窩裡，狗寶貝遲早會得皮膚病。

至於清潔打掃的工作怎麼做？最基本的，床墊每週至少要清理一～二次。再者，飲水不能間斷，狗主人要經常提供乾淨的水讓狗狗飲用；並且，每天幫狗狗洗碗。最後，狗窩要經常清掃消毒，保持乾燥，清掃消毒的時間至少每兩週一次，以免寄生蟲滋生。

狗窩也講究風水？

有人養狗，明明教養方式都是按照專家的指示，按部就班地做，可是再怎麼健康、再怎麼強壯的狗，都會被養得愈來愈虛，愈來愈瘦，甚至為了照顧狗狗，還得花上大把鈔票。反之，有人養狗，無論飼養什麼樣的狗，牠們就都十分健康。這時，我們或許就要從風水的角度來探討：是不是狗窩設置的方位出了問題？到底哪個位置有助於財運？

對此，林洋豪老師依據房子座向，將住宅劃為井字，選出吉祥方位，供狗主人參考，希望對狗主人有所助益。

西四宅

坐西南朝東北

		東北		
		吉		
西北	吉			東南
	吉	吉		
		西南		

坐西北朝東南

		東南		
東北	吉		吉	西南
		吉	吉	
		西北		

坐西朝東

		東		
	吉			
北				南
	吉	吉	吉	
		西		

坐東北朝西南

		西南		
		吉	吉	
東南			吉	西北
		吉		
		東北		

東四宅

坐東南朝西北

		西北		
			吉	
西南				東北
	吉	吉	吉	
		東南		

坐東朝西

		西		
南	吉		吉	北
	吉	吉		
		東		

坐南朝北

		北		
		吉		
西			吉	東
		吉	吉	
		南		

坐北朝南

		南		
	吉	吉		
東	吉			西
		吉		
		北		

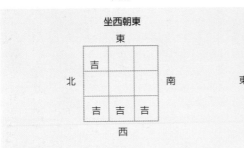

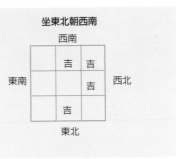

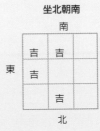

狗窩需要內附廁所嗎？

試想，把「家」安置在一個沒有隔間的套房，吃喝拉撒睡都在裡面進行，而且沒有清潔管理員定期來收拾「殘局」，這樣的「套房」，人都受不了了，何況是狗。因此，要狗寶貝把狗窩視為家，並且樂於回家，狗窩就不能設計成「套房」，而是要設計成「雅房」，讓吃喝拉撒睡的拉、撒，移到窩外進行。

窩外的地點，以戶外為最理想，也就是狗主人可以藉著帶狗寶貝到戶外散步之際，順便給狗寶貝「方便」。帶狗狗「方便」的時間通常是在睡醒後、玩耍後，及餐後十五至三十分鐘後。狗主人可以在這些固定的時段帶狗狗外出散步，養成狗狗在戶外排泄的習慣，這樣狗狗就不會在家中隨地大小便了。

當然，狗寶貝「方便」完畢後，狗主人要立刻用報紙、廚房紙巾或清理狗大便的夾子拾起，裝進塑膠袋裡，帶走，不留一絲遺臭荼毒我們的生活環境，同時也避免收到二〇〇〇～八〇〇〇元的罰款，在狗寶貝還沒帶來招財運之前就先破財。

如果帶狗狗外出散步的機會不多，則給狗狗「方便」的地點可以選在浴室、陽台等與狗窩有段距離的地方。同時，確定後就盡可能不要改變，以免狗狗還來不及養成習慣就混淆不清了。假設給狗狗「方便」的地點選在浴室，則狗主人的下一步動作就是把報紙鋪滿整間浴室，再帶狗狗離開狗窩，到浴室裡大小便，並且陪伴在牠身旁，等牠如廁完畢，而非把牠關在浴室裡，自個兒在外面靜候佳音，那樣只會讓狗狗對浴室產生畏懼心理。

剛開始帶狗狗到浴室「方便」時，報紙鋪的範圍可以很大，因為狗狗不可能如願地在指定區域內完成大小便，但是如果牠做到了，就要馬上稱讚牠或摸摸牠的頭部，這樣下次牠「方便」時，就知道怎麼做最好了。當牠愈來愈可以在指定區域內完成大小便時，狗主人就可以漸漸縮小報紙鋪的範圍，直到只剩一張報紙的大小為止。之後，狗主人只要鋪上報紙，狗狗就會習慣性地在上面完成大小便了。

當然，狗狗如果沒有在指定區域內大小便，也不可以處罰牠，無論是當下處罰，或是把牠關在狗窩裡作為處罰，那樣只會讓狗狗更畏懼、更排斥那個地方而已，尤其把狗窩充當作反省室後，又要狗狗把它視為睡覺及休憩的「家」，那簡直是強「狗」所難，再笨的狗狗也不會把牢房視為家。

雖然民間有個說法是：遇到狗狗隨地大小便時，一定要立刻要壓住牠的頭，讓牠聞聞自己便便及尿尿

的臭味，以警惕牠這是不對的。但是這樣的作法只能得到暫時性的效果，時間一久，狗狗隨地大小便的惡習還是會一犯再犯。因為狗狗的思考單純，這樣的作法只會讓牠以為「大小便會被處罰，太可怕了」，於是盡可能忍著不要大小便而已。正確的作法應該是：不要理會狗狗出錯，立刻將狗狗帶離現場，接著再默默地將狗狗的大小便清理乾淨，同時用消毒水去除臭味即可。

怎麼讓狗狗乖乖睡覺？

遇到狗狗半夜不睡覺，一會兒哀嚎，一會兒低鳴，一會兒狂吠，擾人清夢時，最有效卻也最殘酷的作法就是切掉狗狗的聲帶，讓牠從此失聲。但這樣的作法，對於視狗狗如家人的狗主人而言，絕對是下下策，除非逼不得已，否則絕不採用，因此花點耐心關心牠、教育牠就成為解決狗狗半夜不亂叫、乖乖睡好覺的不二法門。

而根據專家的分析，狗狗吠叫的原因可歸納有社交性、防衛性、畏懼性及焦慮性四個類型。面對狗狗聽到別

隻狗狗在吠叫也跟著叫的社交性吠叫類型，以及看到陌生人或聽到奇怪聲音而吠叫的護衛性吠叫類型，狗主人可以用零食或玩具等誘餌（TREAT）吸引牠注意，等牠安靜下來了，再給牠零食或玩具以作獎勵。面對狗狗聽到巨大聲響，因害怕而吠叫的畏懼性吠叫類型，狗主人可以將牠帶離現場，並在事後將聲音（如鞭炮聲、打雷聲）錄起來，不時播放給狗狗聽，同時以誘餌導引牠保持安靜，讓牠習慣成自然。

面對狗主人不在，狗狗因不安而吠叫的焦慮性吠叫類型，狗主人可以在牠的窩旁放台收音機或鬧鐘，並用布包起來（防止牠亂咬），讓牠覺得周遭有人而睡得比較安心。另外，就是將狗狗的晚餐時間挪後至晚上十點或十一點，並在牠餐後十五至三十分鐘後帶牠外出（或到指定區域）大小便，讓牠比較不會因清晨空腹，肚子餓了而吠叫。

4 招財狗，走路有風

千里之行，始於足下。這句話按教育部國語辭典的解釋是：比喻任何事情的成功，都是由小而大逐漸累積而成的。如果把它套用在我們的育狗經上，同理可證。因為隔壁鄰居的愛犬多多就是一個很好的實例。

怎麼說呢？一言以蔽之，就是有一天，在隔壁鄰居的好說歹說下，帶著招財跟車出外吃大餐。可是一上車就發現隔壁鄰居的愛犬多多不時在「皮皮挫」（台語，指發抖），而且雪上加霜的是，開車開到半途，多多竟然比我早一步暈車，吐了！不但吐得滿車都是，而且還引發連鎖效應，連招財都跟著胡鬧了起來。結果，搞得我們大餐沒吃成，出遊的興致也全消。

相信上述的情況，多數人都心有戚戚焉。而究其原因，不外乎多多涉世未深，第一次出遠門的心情總是焦躁不安大過於期待和興奮；同時，身為狗主人的我們也沒有及早為狗寶貝做好健全的心理建設，於是最後落得狗急跳牆、人仰馬翻的下場。那麼，要怎麼解決狗狗坐車不暈車，甚至跳車的問題呢？這一切得從帶狗散步說起。

怎麼帶狗狗散步？

無論狗主人的工作如何繁忙，定時帶狗狗出外散步，接觸大自然，見識人類多彩繽紛的世界是絕對必要的，而且愈早愈好。因為絕大多數狗狗面對陌生環境，心中都是充滿害怕或焦慮的。

除非狗狗終其一生都待在家裡，而且沒有訪客或陌生人三不五時登門造訪，猶如井底之蛙，將井口的周圍視為世界的邊界，只要適應井裡的生態即可，否則，為了避免狗狗走出家門後，新的人事物不斷刺激著牠，導致牠的狗格與行為成長產生扭曲，一輩子都活在恐懼當中，對於第一次接觸的人事物，乃至同類，總是採取逃避或攻擊性的手段，無法心平氣和以待，狗主人最好及早讓狗狗社會化，除了習慣家裡的生態外，也要帶牠出來見見世面，讓牠不畏懼外在多元的世界，同時對外在多元的人事物留下好的印象。

怎麼排除畏懼、製造好印象呢？就是給糖果，不要給棍子。以家裡的情況為例，任何東西對初來乍到的狗狗來說都是可怕的。一點聲響，如開關門的聲音或洗碗盤的聲音，都會讓狗狗戰戰兢兢，深怕受傷害，須等到牠發覺這些東西沒有危險性，才會安靜下來。

如果窗外突然來了個嘹亮的喇叭聲，嚇到狗狗不停狂吠，而狗主人又接著斥責牠，這樣就會導致牠「一朝被蛇咬，十年怕草繩」，久而久之就塑成了「皮皮挫」的狗格。反之，狗主人如果對著牠，用輕柔的口吻安撫牠「好乖」，同時又拿出誘餌吸引牠的注意，那麼狗狗就不會覺得那個喇叭聲非常可怕了，久而久之也就免疫。

相同的情境移到戶外，也是同樣道理。例如，帶狗狗散步時，面對熙來攘往的人流、絡繹不絕的車流，嚇得狗寶貝禁不住「皮皮挫」，這時狗主人同樣是給糖果，不給棍子，以輕柔的口吻安撫牠、鼓勵牠「好乖」，同時拿出誘餌吸引牠的注意，這樣狗狗心中的恐懼或焦慮就會被美好的誘餌所取代。

換句話說，帶狗狗出外散步，除了準備好清理狗狗大小便的塑膠袋及撿拾工具外，還有兩樣東西是必備的：一是為了避免突如其來的突發狀況導致狗寶貝狗急跳牆，進而發生意外事故，必須給狗寶貝繫上狗鍊；另一則是為了安撫、鼓勵狗寶貝容易受創的心靈，必須攜帶牠喜歡的食物以作誘餌。

而其中，狗鍊的選擇只有一個要點，那就是材質以尼龍製或皮革製為佳，長度以自己順手為原則。通常，大型犬多用較短但相當粗而結實、有皮革製的拉環及鐵鍊可以扣住項圈的狗鍊，或是很短的皮革製拉繩，小型犬則用較細、較長的皮革製或尼龍製狗鍊。鍊子的長度約三到五公尺，既適合用來訓練狗狗，糾正牠的不當行為，也提供了牠一定程度的自由活動空間。

需要特別提醒的是，當狗狗外出散步遇到人們想要親近牠、撫摸牠時，為了避免狗狗因焦慮或害怕而發生亂咬人的事件，狗主人應從狗狗小時候開始就不斷地輕撫牠、讚美牠，將牠養成溫馴的個性，並且習慣人們的撫摸，之後再帶牠出來接觸人群。

怎麼帶狗狗出遠門？

帶狗狗出門兜風、旅行，對狗主人來說，

是件愉快的事，對狗狗來說，也是件愉快的事，然而，兩者的共通前提是，狗狗安安份份的，不活蹦亂跳，不咆哮吠叫，當然更不能暈車嘔吐，吐得車內一塌糊塗。否則，要狗狗不坐車都來不及。然而，要狗狗不坐車又是不可能的事，舉凡搬家、找獸醫、上寵物美容院，都會遇上狗狗必須坐車前往的情況，更何況要返家探親、出遠門。

因此，教導狗狗安分守己就成為不得不面對的課題。而正確的教戰守策則是，將狗狗抱進車內，讓牠聞聞車內的味道，熟悉車內的環境，並以輕柔的口吻鼓勵牠，同時拿出誘餌獎勵牠，等到牠習慣了，可以自在地活動，再邊輕撫牠，邊啟動引擎，讓牠適應車子震動和移動的環境，同時繼續拿出誘餌獎勵牠。這樣，重複多次的結果，狗狗不再畏懼了，就可以載牠出門了。

只是，在載牠出門前的四個小時內不要餵食牠，同時，出發前記得讓牠先上個廁所。接著，將狗狗安置在後座或籃子、籠子裡，以免一時意外影響駕駛即可。如果是長途旅行，則車行約兩個小時左右，最好讓狗狗下車休息、上廁所一下，以適應狗狗身體的不適；車行四到五個小時後，最好讓狗狗吃些東西，以平靜狗狗可能坐立不安的情緒。

另外，對於行車中途狗狗最常遇到的暈車嘔吐問題，獸醫師的建議則是：半天前就讓狗狗開始禁食，其次，開車時盡量保持平穩，以免狗狗因車子的晃動而產生不適，第三，

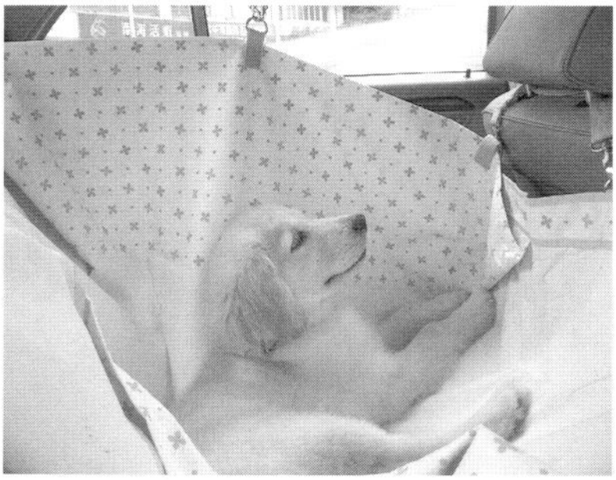

狗狗出遠門必備用品

1. 飲食用品：狗食、水壺、狗碗盆。
2. 打理用品：毛巾、梳子、報紙、塑膠袋。
3. 急救藥品：外傷藥、眼藥、暈車藥。
4. 識別用品：狗牌（註明名字、電話、地址）。

車行途中盡量不要讓狗狗左顧右盼車窗外移動的景物，以免狗狗產生畏懼心理。如果上述方法都沒有效，那麼就要請獸醫師給狗狗開鎮定劑或暈車藥服用了。

當然，行車中途也會遇到緊急煞車的情況。為了避免緊急煞車造成狗狗意外的擦撞傷，專家多建議，準備個籃子或籠子，並在裡面鋪幾件衣物，讓狗狗待在裡面比較安全。

如果是用機車載狗狗兜風的，則要注意緊急煞車、轉彎、貓狗突然衝到路面，或被車夾傷、壓傷的意外。行車中，無論狗狗的適應能力有多強，還是小心駕駛為妙。

如果暫時要把狗狗留在車上，則時間切記不能太長，同時不要停靠在酷熱無風的地方，更不可以關掉車內冷氣，尤其是在夏天，以免狗狗中暑、休克，甚至死亡。

5 招財狗，立正站好

狗不教，性乃遷。如果狗主人疏於注意，缺乏管教，狗寶貝扭曲的狗格一旦成型，就很難改善。尤有甚者，狗主人還要因狗寶貝亂吠叫所製造的噪音、亂咬人所引發的事故，四處向人陪罪，然後含淚收下一張張罰單。

「唉，為什麼小白怎麼講都講不聽呢？平常是那麼乖巧、那麼善解人意的……。」小白的主人亮了張剛被人檢舉的罰單，語多無奈的向我訴苦。而我能做的，只有為他悲慘的遭遇及痛失的新台幣默哀數秒鐘。

事實上，和人們一樣，教育狗狗，必須從牠小時候做起。等狗狗長大後再教育，也不是不能，只是需要更多的愛心和耐心。而且根據專家的研究，要教育狗狗，用講的是講不通的，因為狗狗聽不懂人話。那麼，怎麼做才能讓狗狗聽話呢？這一切得從狗狗的服從性說起。

怎麼教狗狗服從？

狗狗的服從性是建立人狗關係最重要的一環，唯有讓牠們明白誰才是主人，讓牠們了解服從的重要性，接下來與狗共舞的日子才不致怨聲載道，而是幸福美滿。換言之，狗狗屬於群居動物，牠們的社會結構採階級制度，每個成員都有不同的階級，誰是老大，誰是老二，壁壘分明，而且絕對服從領袖，所以狗主人如果不從小規範狗狗的行為，而是處處縱容牠、寵溺牠，讓牠決定一切，那麼牠就會認為自己是老大，而不會聽從狗主人的指令。

狗狗確立尊卑長幼的階級關係，以進食的時候最為明顯。就如同狗群集體覓食，當捕捉到獵物時，是由老大先享用，其他的狗狗則在一旁乖乖等候，等到老大許可，再依序用餐。而身為狗主人的我們通常都會怕狗寶貝餓肚子，或是在一旁吵鬧，於是讓牠在我們吃飯前先用餐。但這樣的結果卻會造成狗狗自以為是：「我是老大，所以我最先吃飯。」久而久之，就養成狗狗任性、不聽主人話的狗格。如果想要矯正這種不良狗格，狗主人就必須狠下心來調整狗狗的用餐時間，同時不被狗狗的悲情攻勢所屈服。相信，只要一個星期左右的時間，狗狗就會明白這個家的主從關係：「要等到全家人吃完飯後，才換我吃。」

如果狗狗還有挑食的壞習慣，狗主人一樣是狠下心來，只在固定時間給牠固定食物，兩餐之間也不給牠可以果腹的食物。也許剛開始，狗狗不屑一顧，但狗主人一樣給牠二〇～三〇分鐘的用餐時間，時間一到，如果牠還是沒吃，就全部撤走，只留下飲用水。直到下次用餐時間再把食物端出來。如此與牠周旋數日，牠的生理時鐘就會告訴牠，到了吃飯時間，如果不吃飯，三〇分鐘後就沒東西吃。於是，狗狗挑食的壞習慣就漸漸獲得改善。

怎麼教狗狗聽話？

讓狗狗認清主從關係後，接下來就是教育牠成為一隻生活愉快、同時不會闖禍的狗模範，也就是教牠學會「坐下」（SIT）、「別動」（STAY）、「好了」（OK）、「過來」（COME）四個最簡單的口令。

需要補充說明的是，狗狗聽不懂人話，狗主人企圖用語言溝通是沒有用的。但狗狗懂得察言觀色，會透過狗主人對待牠的語調及態度，揣摩這樣做的結果有東西可吃，那樣做的結果很可怕。所以狗主人教育狗狗時，要做好語調和態度管理，也就是當牠做對了的時候，狗主人必須表現出很高興的樣子，同時用高而長的語調，稱讚狗狗「好乖喔～」（GOOD DOG），反之，當牠做錯的時候，狗主人就要表現出生氣的樣子，同時大聲的罵牠「不行！」（NO），這樣狗狗才知道狗主人想要表達的意思。

當然，如果採用上述方式教育狗狗，結果還是沒效，那麼原因只有一個，那就是在狗狗確立的主從關係中，牠是老大，沒有必要服從狗主人。想要重新定位，狗主人只有面目猙獰，且狠狠的罵牠「不行！」，直到牠搞清楚狗主人才是老大為止。

讓狗狗確定了狗主人是「主」、牠是「從」之後，接下來就可以進行「坐下」、「別動」、「好了」、「過來」四個口令的教育訓練了！

怎麼教狗狗坐下？

站在狗狗的面前，拿出誘餌（例如，牠最愛吃的零食）給牠聞聞，然後用溫和、堅定的口吻說「坐下」，同時把手上的誘餌從牠的鼻子前方慢慢向上移往牠的頭部。狗狗為了得到誘餌，勢必會抬頭，並且把頭向後仰。這樣，牠就有可能自然而然的將屁股坐在地上。

當然，也許不到兩秒鐘的時間，牠就沒耐性的站起來，跑了。面對這樣的情況，狗主人千萬不要處罰牠，只要每天重複訓練數次，每次花五～二〇分鐘的時間即可。直到有一天，牠坐了兩秒鐘以上，狗主人再誇讚牠「好乖」，同時給牠誘餌以作獎勵。

如果遇到狗狗是倒退走而不是坐下的情況，狗主人可以在要求牠坐下之前，先讓牠站在牆腳。通常，經過一個星期左右的練習，絕大多數的狗狗都能將「坐下」的口令做得很好。

怎麼教狗狗別動？

首先，要求狗狗坐下。接著，站在牠的旁邊，並在牠眼前做個手勢，同時以溫和、堅定的口吻說「別動」，然後輕輕拉動牠的狗鍊。如果狗狗坐著不動，就稱讚牠「好乖」；如果站起來，走了，就再慢慢把牠牽回原地，固定後，對牠說「不行」，接著，讓牠坐下來後，再對牠說「別動」。這是教狗狗別動的一種方式。

另一種方式是，要求狗狗坐下後，站在牠的旁邊，並在牠眼前做個手勢，同時以溫和、堅定的口吻說「別動」，然後往後退一兩步。如果狗狗坐在原地不動，就稱讚牠「好乖」；如果站起來，走了，就再慢慢把牠牽回原地，固定後，對牠說「不行」，接著，讓牠坐下來後，再對牠說「別動」，然後往後退一兩步。如此每天練習，並再說完「別動」之後，慢慢擴大與狗狗間的距離，大約二~三週左右的時間，狗狗就會乖乖的待在原地等候。

怎麼教狗狗好了？

當狗狗做到「別動」的口令時，不可能一輩子都維持著「別動」的姿勢，因此這個時候就需要一個解除口令，讓狗狗可以進行下一個動作。否則，狗狗忍不住動了，狗主人又忘記他下了「別動」的口令，狗狗就會對「『別動』這個口令究竟是代表可以動，還是不可以動」產生困惑。

於是，當狗主人再發出「別動」的口令時，狗狗就會不知所措。

那麼，怎麼解除口令呢？只要用輕柔、愉快的口吻對狗狗說「好了」就可以了。如果牠因為害怕而不敢動，這時就要給牠一個擁抱或撫摸，同時以輕柔的口吻讚美牠「好乖」，並給牠誘餌以作獎勵，那麼下次當牠再聽到「好了」的解除口令時，就會高興的進行下一個動作了。

怎麼教狗狗過來？

狗主人可以隨時準備好給狗狗的誘餌，然後以快樂、有趣的口吻，隨機式的呼叫狗狗的名字，同時強調式的說「過來」。當牠過來時，就給牠誘餌以作獎勵。如此多次練習，讓狗狗覺得回到狗主人的身邊是美好的，接下來，只要狗主人叫牠「過來」，牠就會很快樂的來到狗主人的面前。

怎麼教狗狗安靜？

對陌生的聲音或闖入者吠叫是狗狗的天性之一，要牠安靜的教育訓練是，在牠叫出第一聲的時候，狗主人就把牠叫到面前坐下，然後一邊撫摸牠，一邊說「安靜」。等牠真的安靜下來的時候，再撫摸牠，並給牠誘餌以作獎勵。最後，解除口令，讓狗狗回到吠叫前的狀態。這樣多次練習的結果，會讓狗狗了解自己在家中的功能性，同時學到對於不重要的事物，例如客人到家裡來、門鈴聲、喇叭聲、警報器的聲音等，不需要給予警示的吠叫。

如果牠的吠叫只是希望有人理牠，那麼狗主人千萬不能理牠，否則，日後牠就會認為只要吠叫，就會有人來陪他。但是，放任牠一直吠叫也不好，而體罰又只會讓狗狗產生「敵對」和「恐懼」。這時，就只有使出「天譴」這一招了！

這個招術很簡單，關鍵就在於「視線」，也就是說，狗主人在出招時，絕對不能看狗狗一眼。它的作法是：在狗狗吠叫時，出其不意地用水槍噴牠，或用捲起的報紙、裝了少許水的寶特瓶丟牠，藉由牠對不喜歡的東西所產生的不適感，來制約牠的行為。由於狗主人沒有與牠目光相接，不會讓牠覺得有「對決」的意味，牠就會以為被水潑或被報紙、寶特瓶砸所產生的不適感，是來自上天的懲罰，幾次以後就不敢隨便亂叫了。

怎麼教狗狗不亂咬？

要防止狗狗亂咬，第一道防線就是不讓狗狗接觸到不該咬的東西。因此，狗主人應該把鞋子放到鞋櫃裡，並把鞋櫃門關好；把書收到書櫃上，不要放在桌子上；舉凡任何一樣寶貝的東西，都要收好，避開狗狗的接觸。如果家裡沒有人，就盡可能限制狗狗的活動範圍，如放進籠子裡。

只是，這個作法有兩項致命的缺點：一是無法教育狗狗避開危險的東西；一是狗狗找的咀嚼物品會愈來愈不可思議，例如電線。因此，還是要教會牠什麼東西可以玩，什麼東西要離得遠一點。

它的作法是：以咬勁及觸感和一般電器電源線一樣的延長線作為訓練品，把延長線放在狗狗的面前，然後離開牠的視線，躲到角落，觀察牠的動作。一旦發現狗狗開始要咬延長線，就立刻大聲罵牠：「不行！」同時使出「天譴」。如此多次練習，狗狗亂咬東西的行為就會大幅改善。要防止狗狗咬鞋子、書本、雜誌或其他東西，也可以套用上述作法。

第三部

我的招財狗，什麼問題也沒有

照顧好招財的生活起居，教育好招財的生活禮儀，

果然，我的招財運旺旺來。

然而，天有不測風雲，狗有旦夕禍福，

我還是要為招財的健康久久做好萬全準備。

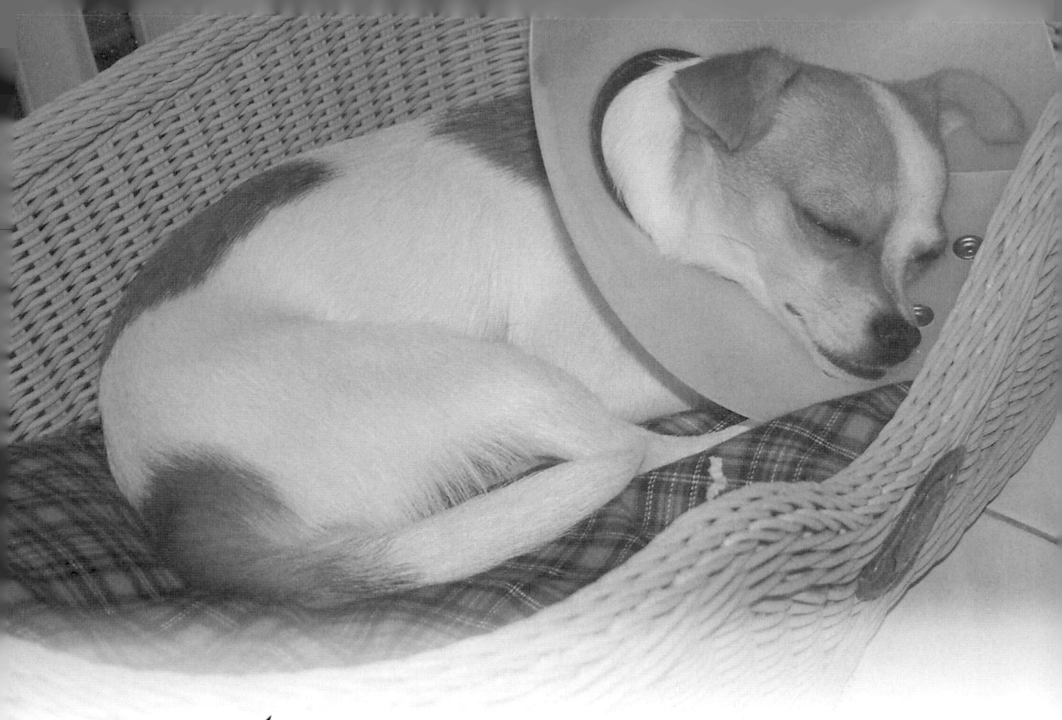

1 招財狗，意外事故

炎炎夏日，正想說要帶招財出門透氣、曬曬陽光，就有則新聞給了我當頭棒喝。

這則新聞是這樣的：有戶人家帶著家中的狗寶貝快快樂樂的出遊，途中為了購物順便透透氣，一家大小便全都下了車，唯獨把狗寶貝留在車內幾分鐘，結果上了車後竟發現狗寶貝氣喘得很厲害，甚至呈現恍惚狀態。這才想說狗寶貝是不是中暑了，於是匆匆送醫。可是送到動物醫院時，狗寶貝已經呈現休克狀態，而且很多器官都已衰竭，要救回其實問題很大。儘管醫生還是幫牠做了急救處理，但最終還是宣告不治。

一條年輕的生命就這樣消逝了，

令人不勝欷歔，但反觀之，如果我們能在第一時間發現，並且做適當的處理，不是更能將傷害降到最低嗎？所以，先學好各種意外事故的急救處理，以備不時之需吧！

狗狗車禍了，怎麼辦？

第一，先鎮定自己的情緒，再安撫狗狗。

第二，溫和的將狗狗移至路邊。如果有骨折現象，則以木板、報紙、雜誌或厚紙板將骨折部位及其附近關節固定住，再移往路邊。

第三，溫和的用繃帶（或領帶）將狗狗固定住，以防受驚或受傷的狗狗咬人。綁的方式是：（一）先在繃帶中央打一個結，再在第一個結上方約二十公分處打第二個結。（二）將兩個結之間形成的「套子」套住狗狗的嘴，接著，第一個結扣住下顎，第二個結綁緊。（三）將繃帶繞過下顎到頭後部，再打結綁緊。

第四，檢查有無呼吸困難。它的徵狀是呼吸短促，牙肉和皮膚顏色變淺。有的話，將狗狗的頭朝下，並將狗狗的舌頭拉出來，以利呼吸。

第五，檢查有無大量出血。有的話，做止血動作：先用吸收力強的棉花或折成小塊的布按在傷口上，再用繃帶包紮。如果傷口仍血流不止，則要用止血帶包紮傷口；但切記不要包紮得太緊，以免造成狗狗不適。

第六，檢查體溫有無降低。有的話，蓋上毛巾或毛毯來保暖。

第七，送醫。帶狗狗到就近的獸醫診所急救。

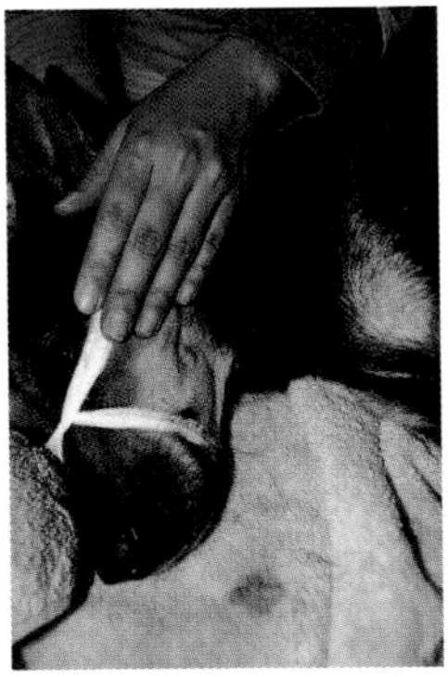

狗狗休克了，怎麼辦？

休克的狗狗像熟睡一樣，對狗主人的呼喊沒有反應，如果一時不察，就會死掉。觀察狗狗是否休克，有兩大指標：（一）口腔黏膜蒼白；（二）脈搏消失、體溫下降、肌肉軟化、氣喘。一旦發現狗狗休克了，首要之務就是，在四分鐘內幫狗狗進行心肺復甦術（CPR）。

第一，檢查呼吸道是否暢通。先讓狗狗左側臥，再打開嘴巴輕輕拉出舌頭，並清除口中異物，使其保持呼吸。

第二，檢查有無呼吸現象。將手置於狗狗的鼻頭前面，感覺有無氣體呼出，或觀察狗狗的胸部有無膨脹起伏，如果都沒有，就要立刻實施人工呼吸。

實施人工呼吸時，先將狗狗的頭頸部伸直，並且閉上狗狗的嘴。接著，在深吸一口氣後，將嘴巴貼住狗狗的鼻孔用力吹氣，直到狗狗的胸腔恢復到正常的大小後，再將嘴巴移開。如此每分鐘重複十二次（即每五秒一次），直到狗狗恢復呼吸或有專業人員來接手為止。

第三，檢查心臟是否跳動。將手置於狗狗的大腿內側，感覺是否有脈搏，或將耳朵貼在狗狗的胸口，聽聽是否有心跳，如果都沒有，就要配合人工呼吸，實施心臟按摩。

實施心臟按摩時，如果對象是大型犬（超過十五公斤），則雙手交疊壓在牠的心臟部位（位在手肘後方）；如果是小型犬（十五公斤以下），則用手掌和手指握住牠的胸腔來按

摩。如此每分鐘八〇～一二〇下，直到狗狗的心臟自行跳動或有專業人員來接手為止。

需要補充說明的是，如果狗主人是獨力操作，則每隔五～一〇次心臟按摩，就要做一次人工呼吸；如果有人幫忙，則每隔二～五次心臟按摩，就要請助手做一次人工呼吸。

第四，在進行心肺復甦術的同時，也試著將狗狗送往動物醫院。如果狗狗已經恢復心跳及呼吸，則要用毛毯覆蓋牠，以保持牠的體溫，同時密切觀察心跳及呼吸是否有再度停止的現象，並且盡快送醫治療。

狗狗中暑了，怎麼辦？

觀察狗狗是否中暑，有六大指標：（一）喘氣；（二）眼神呆滯；（三）脈膊加速；（四）嘔吐；（五）行動不穩定、搖晃；（六）舌頭紅到發紫。一旦發現狗狗中暑了，首要之務就是幫狗狗降溫。

第一，立刻將狗狗移至陰涼、通風的地方。

第二，檢查狗狗有無休克現象。有的話，進行心肺復甦術。詳情參照「狗狗休克了，怎麼辦？」

第三，幫狗狗測量體溫。攝氏三九～四〇度屬正常。太高的話，必須在十至十五分鐘內將其體溫下降至攝氏四〇度。否則有致命危險。降溫的方法如下：

一、用冷水噴狗狗一至兩分鐘，或將狗狗浸在冷水盆。

二、在狗狗的額頭、頭部、腹部、胸部及四肢敷濕毛巾。

三、用風扇為狗狗納涼。

第四，送醫。帶狗狗到就近的獸醫診所急救。

當然，預防勝於治療。要預防狗狗中暑，有四大要領，狗主人最好謹記在心：

第一，避免讓狗狗在烈日下曝曬。

第二，避免讓狗狗獨自留在車廂裡。如果有那個必要的話，最好開車內冷氣，同時盡可能在五分鐘內返回。

第三，避免讓狗狗在高溫高濕的天氣下散步、做劇烈運動。如果硬要這麼做的話，最好使用狗鍊，而非狗提籃，並且適度補充飲水，幫助狗狗體內散熱。

第四，定期替長毛的狗狗剪毛，使之容易散熱。

狗狗燙傷了，怎麼辦？

灼燙傷的狗狗，灼燙傷的部位會脫毛，同時出現紅腫的現象。它的急救處理，依程度而有所不同。但無論如何，都是以冰水冷敷作為首要之務，然後緊急送醫治療。絕對不是自行使用軟膏敷抹即可；這樣不僅延誤醫治時機，還可能引發更嚴重的傷害。

如果狗狗是腳部等輕度灼燙傷，可先用毛巾將狗狗纏住，再迅速以流水冷涼狗狗灼燙傷的部位，然後送醫治療。

如果狗狗是頭部灼燙傷，則先以冰塊冷敷，再以繃帶包住狗狗灼燙傷的部位，然後一面從繃帶上面以冰塊冷敷，一面送醫治療。

如果狗狗是全身灼燙傷，則要立刻將狗狗的全身浸泡在水中，再以冷濕毛巾包住，然後讓牠側臥在木板上，送醫治療。

狗狗割傷了，怎麼辦？

第一，檢查有無出血情況。有的話，先用厚且乾淨的布直接壓迫傷口止血。必要時剃毛，將傷口露出。

第二，徹底清潔傷口。如果有污泥、砂礫、玻璃碎片等穢物，先用大量清水洗淨；如果有異物刺入，如十字弓、釣鉤、尖銳的樹枝、刀子等，則保持傷口及附近的乾淨，不要強迫將異物拔出，以免大量出血或污染傷口。

第三，用繃帶包紮，接著送醫治療。

狗狗觸電了，怎麼辦？

第一，保持鎮定，不要驚慌失措地觸摸，甚至抱起狗狗。

第二，關掉電源。如果無法關掉電源，就要用乾燥的木棒、塑膠板或繩索等絕緣體將狗狗移開電線。但切記不要用濕的手作業。

第三，檢查狗狗有無休克現象。有的話，進行心肺復甦術。詳情參照「狗狗休克了，怎麼辦？」

第四，檢查狗狗有無灼傷情況。有的話，進行灼燙傷急救。詳情參照「狗狗燙傷了，

怎麼辦？」

第五，送醫。帶狗狗到就近的獸醫診所急救。

通常，觸電的狗狗，嘴角會發紅潰瀾，流出大量唾液，陷入虛脫狀態，而且復原的機率是零，所以狗主人絕對要小心，盡量不要讓牠有接觸電線或插座的機會，同時電源插頭如果沒用到就拔掉，以防牠啃咬時發生意外。

狗狗噎到了，怎麼辦？

狗狗誤吞的異物千奇百怪，有橡皮筋、銅板、螺絲釘、縫衣針、護唇膏、抹布、骰子、釘書針，還有竹掃把、垃圾桶、內衣、抹布等。誤吞異物的狗狗，會發生呼吸困難、氣喘等症狀，同時不斷用前腳猛抓臉部、喉頭。一旦發現狗狗誤吞異物，就要趕緊送醫治療，否則，不僅會造成胸膜炎或腹膜炎，嚴重者還可能致死。

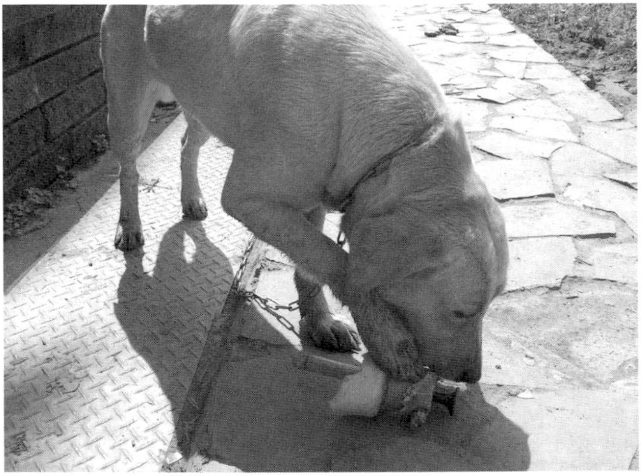

面對誤吞異物的狗狗，急救的方式可以是：固定狗狗，使其不動，再用手指纏布，拉出舌頭，利用筆燈觀察喉嚨深處異物的位置，再用圓頭的細夾子夾出。如果看不到異物，則讓狗狗側臥，再壓住肋骨後方檢查一次喉嚨，如果異物是線或帶子，為了預防內有勾針的危險，最好不要拉出，同時立刻送醫治療。

急救的方式也可以是：將鹽水灌入狗狗的口中，如此重複多次，直到狗狗自己把胃裡的東西吐出來。如果是小狗，還可以抓起牠的後腳，以倒立的方式拍背催吐。但狗狗如果誤吞的是化學藥品，就不能採催吐的方式，否則傷害到狗狗的食道就不妙了，這時最好立刻送醫治療。

狗狗中毒了，怎麼辦？

食物中毒的狗狗，會發生急性嘔吐、下痢、脫水、精神不振等症狀。面對食物中毒的狗狗，急救的方式通常是：禁食、禁水十二小時，如果有必要進食，也是以少量多餐為原則，藉以降低腸胃的負擔。接著，就是緊急送醫治療。

狗狗的食物中毒，以夏天最常見。因為天氣炎熱，導致食物迅速腐敗。而有的狗主人習慣將食物長期放置在狗狗的狗碗內，讓狗狗任意食用；有的狗狗則習慣翻食垃圾桶，這就容易讓狗狗吃到腐敗的食物，進而造成食物中毒。

因此，狗主人在餵食狗狗時，除了餵食之前先聞一聞食物有無腐敗外，一旦狗狗有吃剩的食物，這些剩餘就應該全部倒掉，並且清洗狗碗，保持乾淨。同時，家中的垃圾桶要加蓋、收好，讓狗狗無機可乘。這樣才能達到預防狗狗食物中毒的效果。

狗狗癲癇了，怎麼辦?

癲癇症，俗稱羊癲瘋，原因不明，有學者懷疑遺傳是原因之一。癲癇症發作時，依程度不同有以下症狀：身體僵硬、抽搐、咬牙與咀嚼、流口水、尿失禁、排便失禁、四肢呈划水狀。面對癲癇症發作的狗狗，急救的方式如下：

第一，將狗狗移至安全、不受干擾、舒適且空氣流通的地方側臥，以免碰撞或跌倒。

第二，將項圈解開，必要時用毛巾或毛毯將牠包起來。

狗狗急救箱必備用品

1. 消毒用酒精、雙氧水、碘酒、抗生素軟膏
2. 棉花（棒）、紗布、繃帶、膠布、不鏽鋼止血鉗
3. 急救手冊

第三，避免碰觸牠的身體，同時也不能給牠食物和飲水。

第四，如果有呼吸困難的情況，可以將牠的頭部輕輕往前壓。如果有咬傷舌頭的情況，可以給牠紗布或毛巾咬住。千萬別試圖把手伸入牠的口中。

第五，陪伴牠靜待發作緩解。

第六，發作結束後，檢查狗狗有無休克現象。有的話，進行心肺復甦術。詳情參照「狗狗休克了，怎麼辦？」

第七，讓狗狗在安靜環境中好好休息。接著，依照獸醫指示送醫治療。

2 招財狗，龍體欠安

和人們一樣，狗狗也會發生很多複雜的疾病，儘管我們已經照顧得非常周全。但是，和人們不一樣的是，狗狗生病時，是無法透過語言，告訴我們牠哪裡不舒服的。所以，及早發現牠的「異常」行為或現象，判斷可能原因，同時及早將生病的牠送往動物醫院治療，就顯得至關重要。

怎麼判斷狗狗的「異常」行為或現象呢？以下整理了葛拉漢．米道斯與艾爾莎．弗林特兩位累積多年行醫經驗的獸醫師，在《SMART養狗寶典》中談到狗狗疾病徵兆及可能原因的相關內容，只要狗主人有發現同樣狀況，就立即諮詢狗寶貝的家庭醫師，然後視情況將狗寶貝送往動物醫院治療。

眼睛問題

症狀	可能原因
怕光，眨眼。	數種可能。
★流眼淚或透明分泌物，突然發生，眼皮腫脹，臉上有淚水。 ★流眼淚，透明分泌物，結膜紅腫。	★蕁痲疹。 ★眼瞼內翻（下眼瞼向內翻轉）。
★流眼淚或透明分泌物，伴隨有咳嗽。 ★流眼淚，有透明或膿樣分泌物，下眼瞼可能有裂開，結膜紅腫。 ★流眼淚，有膿樣分泌物，結膜偏白，會抓眼睛。 ★流眼淚，有膿樣分泌物，眼睛週邊脫毛。 ★流眼淚，有膿樣分泌物，只有單邊眼睛。	★犬舍咳。 ★眼瞼外翻（下眼瞼向外翻轉）。 ★細菌或病毒性結膜炎。 ★毛囊蟲感染。 ★異物進入眼睛，或眼睛受傷。
黏稠、化膿分泌物，眼睛乾燥，結膜發炎紅腫。	乾眼症。
角膜上組織異常生長，呈褐色。	角膜翳。
眼睛變白，視力受到影響。	白內障。
視力惡化，無其他症狀。	視網膜病變。 漸進性視網膜退化（遺傳性）。 柯利牧羊犬眼睛異常。
眼睛周圍紅色腫塊。常見於年輕狗狗、牛頭犬。	「櫻桃眼」，第三眼瞼的組織異常增生。

眼睛問題 （續）

症狀	可能原因
在結膜或角膜、眼瞼上的異常帶毛皮膚增生。	眼睛皮樣囊腫。
上下眼瞼上異常增生物。	眼睛週邊肉芽腫。
★狗狗閉上一隻眼睛，可能有畏光情形，明顯疼痛，流眼淚。 ★同上，眼睛上有明顯的線或點，明顯疼痛，流眼淚。	★眼睛發炎（葡萄膜炎）。 ★角膜潰瘍。
第三眼瞼外露。	神經傷害。
頭摩擦物體（頭痛症狀），眼球突出，畏光。	肉芽腫（因液體堆積導致眼壓增大，眼球腫脹）。

耳朵問題

症狀	可能原因
經常甩頭，耳道內發現黑色分泌物。	耳臘堆積過多。
甩頭，搔抓耳朵，以及黑色細沙狀分泌物。	耳疥蟲。
甩頭，有紅色、白色或黃色的異味分泌物。耳道或耳殼紅腫發炎。耳朵疼痛不願被觸摸。	外耳道感染（外耳炎）。常因細菌、黴菌、酵母菌的混合感染所致。如果忽視不理可能會造成耳朵的疼痛與不適，最後造成耳朵的永久傷害。

耳朵問題 （續）

症狀	可能原因
甩頭，在地板上摩擦頭部，沒有明顯的分泌物，狗狗頭部偏向一側並表現出不適。	異物進入耳道中，通常是雜草種子之類。
頭部偏向一側，走路失去平衡，眼球移動異常（眼球震顫）。有的狗狗可能還會嘔吐。	★內耳或中耳問題（內耳炎或中耳炎）。可能因異物進入耳道或慢性的外耳道感染所致。 ★老狗的前庭症候群。發生原因無法確定；常會在老狗身上突然發生，但對抗發炎藥物有反應。
耳殼腫脹。發生的耳朵可能會下垂，並伴隨著甩頭。	耳血腫。這是一種血液或分泌物堆積在耳殼內的軟骨以及皮膚之間的疾病。確實發生原因不明，但也可能是狗狗甩頭、搔抓耳殼所致；或因自體免疫反應所致。
外表上的黑斑、皮膚發紅。	曬傷。
深色、持續存在並無法治療的黑斑。	耳朵的腫瘤（扁平細胞癌）。
聽力變差。	耳道內堆積耳臘。內耳道感染。先天的缺陷。年老。

口腔或食道問題

症狀	可能原因
口臭。	牙結石堆積。
口臭、牙齦發炎和出血。	牙齦炎。
★進食困難、口臭。 ★除上述情形外，還伴隨著出血、流口水、舌頭下垂。	★牙齒感染或斷裂。 ★口腔內腫瘤（如黑色素瘤）。
舌頭下方有明顯腫脹。	舌下囊腫（唾液線阻塞）。
流口水，搔抓嘴部，甚至不斷有吞嚥動作。	異物（如骨頭或木棒）卡在上顎臼齒之間，或是魚骨頭刺入嘴唇。 舌頭潰瘍。
流口水、噁心或咳嗽。	異物卡住喉嚨。犬舍咳。
食物回流，可能也有噁心及流口水現象。	異物卡住食道。食道發炎。
進食困難，但無其他症狀。	神經問題。

胃部問題

症狀	可能原因
★經常性嘔吐，拒絕進食，精神不佳。 ★同上，但伴隨著其他症狀，如下痢（帶血或未帶血），深褐色糞便。 ★同上，伴隨著弓起身體的姿勢。	★胃炎。胰臟炎。 ★由腐壞或污染的食物造成的細菌感染。犬冠狀病毒感染。胃潰瘍。中毒。 ★異物卡在胃部。胰臟炎。

胃部問題 （續）

症狀	可能原因
★腹部漲大。年輕狗狗可能會有嗜睡、被毛稀少的情形。	★腸內寄生蟲感染。
★腹部漲大、噁心、呼吸疼痛。 	★胃脹氣或胃扭轉。胃部在進食後或吃得太飽而造成氣體漲滿胃部，接著可能旋轉一圈，封住了胃的入口和出口。常見於胸腔寬厚的犬種，如拳師犬、德國牧羊犬及威馬拉那犬，特別是在狗狗進食後過度運動容易發生。

腸道問題

症狀	可能原因
食慾良好卻持續消瘦，排出大量偏白糞便，可能伴隨食糞現象。	胰臟外分泌缺陷。
★流口水，無其他症狀。 ★流口水，伴有體重減輕，糞便正常或有下痢、嘔吐現象。	腸道發炎。
食慾過度旺盛，可能進食不正常東西。	胰臟外分泌缺陷。吸收障礙症候群（無法正常吸收養分）。貧血。
脹氣。	飲食不正常。也可能與年老有關。

腸道問題　（續）

症狀	可能原因
★慢性體重減輕伴隨正常或漸增的食慾。 ★同上，伴隨間歇性嘔吐或下痢。 ★同上，伴有大量灰褐色糞便。	★腸內寄生蟲。腸道腫瘤。吸收障礙症候群。 ★腸道發炎。 ★胰臟外分泌缺陷。
嘔吐，無食慾。	腸道發炎。異物卡住。嚴重便秘。
弓著身體。	腹部疼痛。嚴重便秘。
頻頻用力排便，但僅排出少量糞便，精神不佳，可能有嘔吐。	嚴重便秘。前列腺腫脹妨礙排便。
連續排便，肛門兩側腫大。	會陰部疝氣。
排便時疼痛，有「拖屁股」現象，常回頭看或舔臀部。可能有膿或分泌物。	肛門腺阻塞、發炎或膿腫。
糞便中帶鮮血。	結腸部分發炎（結腸炎）。腫瘤。肛門腺膿腫。
下痢1～2次，沒有帶血，精神很好，無嘔吐現象。	食物不適應。輕微腸道細菌感染。
★持續頻繁下痢，但狗狗精神正常。 ★經常下痢，有可能帶血。狗狗精神不佳且有腹痛情形。	★梨形蟲感染。球蟲感染。 ★腸炎：細菌性（如鉤端螺旋體）或病毒性（如冠狀病毒、犬瘟熱、傳染性肝炎）。腸道發炎。吸收障礙症候群（無法正常吸收養分）。結腸炎。腫瘤。

肝臟、脾臟、胰臟問題

症狀	可能原因
★腹部漲大，可能有黃疸。 ★腹部漲大，異常口渴，牙齦蒼白，嗜睡。	★肝臟腫瘤。 ★脾臟腫瘤導致內出血。
嘔吐，黃疸，尿液色深，可能腹部痛，無食慾。	膽管阻塞（膽結石、膽汁淤積、感染）。膽管狹窄。
嘔吐，黃疸，下痢，尿中帶血。	鉤端螺旋體。
精神不佳，嗜睡，發燒，帶血下痢。	傳染性肝炎。
急性持續嘔吐，發燒，腹部疼痛。	胰臟炎。胰臟分泌的消化脢可能逆流回組織本身，造成嚴重發炎和組織破壞。可能造成廣泛性傷害甚至死亡。復原動物可能也會持續性胰臟功能不佳。
被毛乾燥且有皮屑，體重減輕，糞便量大、顏色淺、質軟、味道重；食糞癖（吃自己的糞便）。	胰臟外分泌缺陷（EPI），部分或全部分泌消化脢的胰臟細胞消失。消化脂肪有困難，糞便中含有大量水分及未消化脂肪。脂肪酸缺乏導致被毛乾燥且有皮屑。EPI通常是遺傳性的，但有可能在中老年後才出現（常見於德國牧羊犬）。
劇渴，易餓，可能有腹部漲大，嗜睡，體重減輕。 	糖尿病。如果胰臟無法製造足夠的胰島素，就會導致糖尿病發生。血中葡萄糖濃度偏高（特別是在進食後）。這造成葡萄糖從腎臟經由尿液被排出。容易發病的犬種包括：臘腸犬、查理王小獵犬、貴賓犬（所有類型）及蘇格蘭㹴犬。

泌尿系統問題

症狀	可能原因
嘔吐，腹部疼痛，用力，有口臭，尿中帶血。	急性腎臟疾病（腎臟炎）。
劇渴，口臭，排尿量大，口腔潰瘍，體重減輕，貧血。	慢性腎臟病（腎臟炎），可能肇因於感染，慢性退行性變化，或是遺傳缺陷。
年輕狗狗，劇渴，尿顏色偏淡。	腎小管疾病（遺傳）。
尿液氣味重，可能帶血、頻尿或是持續滴尿，常去舔尿道出口。	因細菌或結石造成的膀胱感染（膀胱炎）。
★持續性滴尿（尿失禁）。 ★同上，公狗。 ★同上，母狗。	★神經問題或荷爾蒙問題造成擴約肌鬆弛所致。 ★前列腺問題。 ★年老。
公狗，排尿時用力，可能有嘔吐現象。	尿路阻塞，可能因膀胱結石所致。

生殖系統問題：母狗

症狀	可能原因
動情週期結束後仍有持續性的稀薄、淡紅色分泌物。	卵巢囊腫。
劇渴，食慾降低，嘔吐，腹部用力，陰部分泌物，動情週期結束後6～8週。	子宮蓄膿（子宮角內液體堆積）通常因荷爾蒙不平衡所致。

生殖系統問題：母狗 （續）

症狀	可能原因
★乳房漲大，不痛。 ★乳房漲大，疼痛，發炎紅腫。	★乳房腫瘤。不一定是惡性。 ★乳房炎。
未懷孕卻有乳汁分泌，母狗會有「築巢」跟保護玩具的行為，有頻尿及精神緊張情形。	假懷孕。60%左右未結紮母狗可能發生。如果發生過一次，則每次動情週期都很有可能再發生。
生產1～2週後嗜睡，缺乏食慾現象。陰部可能有膿樣分泌物。	子宮角感染發炎（子宮炎）。

生殖系統問題：公狗

症狀	可能原因
包皮分泌膿樣分泌物。	包皮炎（包皮內部細菌感染）。
睪丸腫大，可能有對稱性脫毛。	睪丸腫瘤。
噴尿，尿中帶血，排便用力。	前列腺問題（腫瘤、膿腫、腫大），常見於老狗。

皮膚問題

症狀	可能原因
鱗狀皮膚、被毛上可見白色皮屑。	姬螯蹣感染。
皮屑集中於頭部與肩膀，可能會發癢，可以看見灰色細小的蟲子。	狗蝨。

皮膚問題（續）

症狀	可能原因
★掉毛，不對稱，無紅腫，無被毛斷裂。	★荷爾蒙失調。
★區域無毛，不對稱，無紅腫，無被毛斷裂。	★換毛過度。食物缺乏脂肪酸。
★掉毛，不對稱，無紅腫，無被毛斷裂，狗狗在皮膚被觸摸時可能會有抓癢的反射動作。	★過敏反應造成的抓癢自殘現象
★眼睛周遭或是其他區域掉毛，可能會癢，也會出現膿皰。	★皮膚疥癬蟲。
★發紅腫起的掉毛區域，不發癢。	★錢癬（黴菌感染）。
★抓癢，皮膚紅腫，油膩，有異味跟皮屑。	★酵母菌感染。
★抓癢，過度舔咬。	★對跳蚤、食物或環境其他因子產生的過敏反應。
★抓癢，啃腳趾，夏末容易發生。	★恙蟲病。
★抓癢，啃腳趾，肘部四肢末端發生掉毛。	★疥癬蟲。
★抓癢，過度舔咬，腹部以及大腿內側皮膚發疹。	★接觸性過敏。跳蚤過敏。
抓癢，舔咬，區域發炎有膿甚至出血。	膿皮症（深層細菌感染）。
皮膚小腫塊，不痛。	脂肪瘤（脂肪組織腫瘤）。血腫（血液積存腫起）。皮膚腫瘤。脂肪囊腫。
皮膚小腫塊，不痛。	膿腫。
嘴唇及四肢週邊的持續性皮膚傷害，不癢。	自體免疫問題。

骨骼、關節和肌肉問題

症狀	可能原因
單腳輕微跛行，一處關節伸直或收縮時輕微疼痛。	扭傷。
運動後數小時跛行，發生的腳步無法承受體重。	肌肉拉傷。
突然跛行，碰觸腳部會哀嚎，趾甲流血。	趾甲折斷。
突然間跛行，在堅硬地面行走困難，運動時間減少。	腳肉墊脫皮。
突然跛行，腳部流血。	腳掌割傷。
★在劇烈運動之間或之後突然跛行，並可能有急遽疼痛，肌肉震顫，不願意移動，可能會哀嚎。	★肌炎。肌肉發生發炎反應與嚴重疼痛，腫脹和移動困難。通常還會因為乳酸堆積於肌肉部位，以及身體急速冷卻（如跳入冷水中）所造成的抽筋。有時會見於比賽過後的靈猩後腳。
★同上，但常見於蘇格蘭㹴犬及凱恩㹴犬。狗狗會走小碎步。發生部位包括前腳及頸部，狗狗無法移動。	★蘇格蘭抽筋。
劇烈運動後一隻後腳突然跛行，腳可以觸地但不敢負重。	膝蓋前方韌帶斷裂。同樣的情形也可能因滑倒而發生。有些狗狗因為體型大小，比較可以忍受此問題。
突然跛行，一隻腳不著地，哀嚎。	膝蓋骨脫臼。

骨骼、關節和肌肉問題（續）

症狀	可能原因
突然跛行，後腳扭轉而疼痛。	髖關節脫臼。
掉落或車禍後突然跛行，腫脹、疼痛、哀嚎。	骨折。
突然跛行，腳部組織腫脹。	咬傷。
「兔子跳」步伐，見於年輕狗狗。	骨盆發育異常，可能是先天或後天所致。股骨頭沒有正確的嵌入關節窩，所以導致不正常的關節磨損，最後造成關節退化。常見於德國牧羊犬及拉不拉多。
突然的後肢萎縮，狗狗通常感到疼痛。	胸部或腰部區域的椎間盤突出。
★起身或坐下有困難，活動時容易感到僵硬。 ★用通常的姿勢排尿有困難。	★關節炎（退化性關節疾病）。 ★脊椎炎（脊椎間骨的異位造成退化性變化）。
起身或坐下有困難，精神不佳，運動無法改善，厭食。	脊椎炎（一節或多節的脊椎骨感染）。骨癌，通常是由前列腺癌轉移而來。
一處或多處關節腫脹，精神不佳，有時有厭食現象，跛行或有嗜睡情形。	關節炎（感染或自體免疫引發）。
位於關節上方的堅硬、疼痛的腫大，隨時間而變大。常見於大型犬。	骨癌。骨髓炎（骨頭感染）。
★突然跛行，頸部疼痛，移動頭部有困難。 ★大型犬的慢性病跛行問題（如德國狼犬或拉布拉多）。	★頸椎椎間盤突出。 ★肘部發育異常（遺傳問題）。關節炎（退化性關節問題）。

神經系統問題

症狀	可能原因
失去平衡感，喪失協調能力。	中耳感染。前庭疾病（細菌感染，發炎或腫瘤侵襲前庭）。腦部腫瘤。小腦病變。
痙攣或抽搐。	癲癇（三歲以上狗狗較普遍）。中毒。腦部腫瘤。
昏厥、抽搐、頭痛。	腦部發炎反應（腦炎）。腦部膈膜發炎（腦膜炎）。
虛脫、第三眼瞼外露、四肢僵硬、尾巴伸直、皺眉頭。	破傷風感染。
★流口水，可能伴隨其他症狀。 ★流口水，行為改變。	★中毒。 ★狂犬病。
★不正常的頭部位置（如傾斜），眼球快速移動。 ★同上，見於年老狗狗。	★中耳疾病。前庭疾病（細菌感染，發炎或腫瘤侵襲前庭）。腦部腫瘤。 ★老狗前庭症候群（疾病侵襲前庭區）。
步伐搖晃顫抖，站立不穩，特別發生於運動後（常見於巴吉度犬、杜賓犬及大丹犬）。	脊髓型頸椎病：由於一塊或多塊畸形的頸椎骨，造成脖子的脊椎瘀傷。
頭部移動困難，頸部嚴重疼痛。	椎間盤突出。
下半身無力，可能有急性疼痛。	胸部或腰部椎間盤突出。
運動後虛脫或昏倒。	重肌症無力。
突然昏倒，走路繞圈，身體局部麻痺，眼皮半閉，眼球快速運動。	中風。

血液及循環系統問題

症狀	可能原因
★不耐運動，可能嗜睡，虛弱，甚至昏倒。見於幼犬或年輕成犬。	★先天不全造成血液跳過肺臟流進心臟。
★同上，任何年齡。	★心臟瓣膜缺損，造成血液透過辦膜回流，形成心因性貧血。
咳嗽。	鬱血性心衰竭（慢性心臟疾病）。心臟腫瘤。心絲蟲。
呼吸不正常。	貧血。心臟衰竭造成肺部淤血。WARFARIN中毒。
舌頭及牙齦泛白，甚至泛紫。	心臟功能不全。溶血性貧血（紅血球之不正常破壞）。WARFARIN中毒。凝血功能異常。
黃疸（牙齦及眼白部分泛黃）。	溶血性貧血（紅血球之不正常破壞）。
腹部緊繃。	心臟衰竭造成的腹部積水。

呼吸系統問題

症狀	可能原因
★流鼻水，鼻分泌物清澈。	★細菌或病毒感染，花粉過敏，花草種子物入鼻內，腫瘤。
★流鼻水，單側或雙側鼻孔有膿樣分泌物。	★細菌或黴菌感染。Molar abscess。

呼吸系統問題（續）

症狀	可能原因
★鼻子皮膚乾硬。 ★鼻子紅腫，外皮變硬。	★鋅缺乏。花粉過敏。 ★日曬。花粉過敏。
呼吸音吵雜，見於短吻犬種（特別是騎士查理王獵犬）。	軟顎伸長。為遺傳性缺陷，該部位遮蔽了部分咽喉，導致呼吸時鼻音很重。
呼吸音吵雜，見於任何犬種。吠叫聲音可能也有所改變。	咽喉問題（咽喉炎）。
窒息，見於短吻犬種。	軟顎伸長導致呼吸道完全阻塞。
窒息，見於任何犬種。	喉部異物阻塞呼吸道。
★快速呼吸。	★肺炎。心臟問題。過敏性氣喘。阿斯匹靈中毒。腸內寄生蟲幼蟲穿過肺部。
★同上，伴有牙齦蒼白。	★內出血或外出血。WARFARIN中毒。
與呼吸有關的腹部運動。	橫膈膜赫尼亞（外傷造成橫膈膜破裂）。氣胸（空氣進入胸腔，通常是外傷所致）。因抗凝血毒物（如老鼠藥）造成的血胸（血液流入胸腔）。外傷造成的肋骨肺部傷害。
鼻子流血。	★外傷。 ★鼻內異物。凝血機制問題。毒嚙齒類用的藥物（如WARFARIN）腫瘤。

呼吸系統問題（續）

症狀	可能原因
★輕微，偶發性咳嗽。	★氣管炎、過敏或心臟問題。
★經常性的輕咳，最近有發生過意外。	★氣胸（空氣進入胸腔）。
★經常咳嗽，呼吸音有如鴨子叫。	★氣管塌陷。
★持續性咳嗽，並導致噁心嘔吐，口吐白沫。	★犬舍咳或喉嚨有異物。
★經常咳嗽，呼吸音粗大，有膿樣鼻分泌物，狗狗有病容。	★犬瘟熱。

內分泌問題

症狀	可能原因
腹部漲大，異常口渴，對稱性脫毛，色素沉積。	腎上腺功能亢進或庫興氏症候群（腎上腺的荷爾蒙分泌過量）。
嗜睡，缺乏食慾，可能有嘔吐現象，體重減輕，見於中年母狗。	腎上腺功能低下或埃迪森氏症候群（腎上腺的荷爾蒙分泌量不足）。
★見於年輕狗狗，成長遲緩。 ★見於年老狗狗，嗜睡，肥胖，怕冷，被毛稀疏。	甲狀腺功能低下（甲狀腺分泌荷爾蒙不足）。
脖子腫大，過動，食慾大增，極度口渴，排尿量大，心悸。	甲狀腺亢進（甲狀腺荷爾蒙分泌過多）。

第四部
當我們同在一起，齊幸福無比

招財不是聽人使喚的奴隸，
只有利用價值。
招財是相伴成長的家人，
我們有責任給牠一個幸福。

1 招財狗，初來乍到

當我決定養隻招財狗，同時也確定了要養什麼品種後，接下來面對的便是到哪裡買狗狗的問題。

最常見的購買管道，有寵物店、動物醫院、犬隻繁殖場及流浪動物之家。幸運的話，親朋好友或左鄰右舍家中正好有小狗出生，準備送人，如果那隻狗狗正好契合己意，自己就可以順便接收。

當然，既然要養隻招財狗，健康就是首要前提。否則，狗狗帶回家沒多久就病奄奄的告別狗世，豈不賠了夫人又折兵，還未招財就已破財。

怎麼挑選出健康的狗寶寶？

大體上有以下九大指標：

指標一　眼睛明亮有神，沒有眼垢。

指標二　鼻頭濕潤（睡眠時例外），但不會「吹泡泡」，且沒有鼻涕。

指標三　唇及牙齦鮮紅、沒有惡臭。

指標四　肛門周圍的毛不是黃色（常拉肚子才會黃黃的）。

指標五　便便呈黑色或黃褐色，柔軟適度成條狀。

指標六　體溫正常，體內沒有寄生蟲。

指標七　毛髮光澤，沒有掉毛、脫皮、皮膚屑、紅疹、搔癢等情形。

指標八　食慾旺盛，但吃飽後不會有腹部鼓脹的情形。

指標九　活潑有精神，一叫就有反應。

招財狗教室

Q：招財狗要有血統證明書嗎？

A：血統證明書可以證明狗狗的血統純正，但在台灣，血統證明書卻是養殖業者用來提高賣價的主要手段，只要花個三百元，買主就可以如願的拿到一張偽造的血統證明書，因此，血統證明書有或沒有，似乎已無關緊要。

狗狗健康診斷指標

年紀	體溫（℃）	脈搏（回）	呼吸數（回／分）
幼犬	38.5～39.5	100～160	20～30
成犬	37.0～38.8	70～80	10～15

怎麼給狗狗打預防針？

有施打預防針的狗狗，因為其體內有抗體，所以即便被傳染，發病的機率也微乎其微。而目前市面上的預防針，大多都是綜合疫苗，只要打一針就可以預防多種傳染病，如三合一、七合一、八合一等等。另外，也有要個別注射的預防針，如狂犬病疫苗和萊姆病疫苗。

通常，狗狗在六～八週齡時，就要帶牠到動物醫院注射幼犬疫苗。隔三週後再注射八合一疫苗，並開始口服心絲蟲預防藥。又三週後再注射狂犬病疫苗和八合一疫苗。其費用如下：

幼犬疫苗……800元

八合一疫苗……500～800元

狂犬病疫苗……200元

第一次注射的幼犬疫苗，目的在預防冠狀病毒腸炎、小病毒出血性腸炎、副流行性感冒、傳染性支氣管炎、傳染性犬肝炎、犬瘟熱。隔三週注射的八合一疫苗，除預防上述病症外，還預防鉤端螺旋體症及出血性黃疸。再三週注射的疫苗則是預防病毒性腸炎、副流行性感冒、傳染性支氣管炎、傳染性肝炎、犬瘟熱、犬麻疹、鉤端螺旋體症、出血性黃疸及狂犬病。

需要提醒的是，在還沒有帶狗狗到動物醫院施打預防針之前，盡量不要帶狗狗外出，以減少感染傳染病的機會。其次，讓狗狗適應家裡的環境一週以上，而且已驅完蟲，確定狗狗身體健康，再帶到動物醫院施打預防針。

當然，施打完預防針之後，由於狗狗在注射完約二～三週才會產生抗體，因此在這段期間，狗主人應妥善照顧，除了讓狗狗多休息外，盡量不要幫狗狗洗澡，以免著涼；也不要讓狗狗外出，以免感染傳染病；更不要讓狗狗亂吃藥，因為有些藥物會干擾預防針的效果。總之，一旦發現狗狗有不適情況，就盡快送醫治療。

另外，還要補充說明的是，預防注射並非施打一次就具有永久的免疫力，因此，在狗狗完成上述連續三次

的基礎注射後一年，狗主人還須每年帶狗狗到動物醫院注射一次八合一疫苗及狂犬病疫苗，藉以補強。

怎麼給狗狗植晶片？

狗狗的晶片植入，是以皮下注射的方式，植入狗狗的皮下組織。它的大小約比米粒小一點點（13mm×2.1mm），且完全沒有危險性，只要幾秒鐘時間，以大多數的狗狗論之，通常是「該」一聲就完成了。費用上，以台北市為例，植入晶片是三〇〇元、登記費（未結紮）是一〇〇〇元。時間上，是在施打完狂犬病疫苗後。

有了晶片的狗狗，就等於有了一張相當於身份證的犬籍登記證，未來狗狗遺失、轉讓、生病、死亡，在寵物登記管理資訊網（http://www.pet.gov.tw/）都有記錄可查。舉例來說，如果有一天，狗狗趁狗主人沒注意，跑出

門外探險，不小心迷路了，回不了家，這時可能出現兩種情況：一是被別人撿走了，一是被捕狗大隊抓走了。

被捕狗大隊抓走了，只要他們確認狗狗體內已被植入晶片，就會根據晶片上的編號來查詢登錄資料，然後通知狗主人領回。被別人撿走了，後續又分兩種情況：一是被好心人撿走了，一是被壞心人撿走了。

如果被好心人撿走了，他可能就會把狗狗帶到動物醫院做晶片掃描，如果醫院掃到牠有植入晶片，就會把牠送到動檢所，由動檢所的寵物登記及管理系統追蹤出主人，通知主人來領狗。如果被壞心人撿走了，而狗主人又剛好遇到他，那麼在對方死皮賴臉不肯歸還的情況下，狗狗身上的晶片就發揮了作

用，它正好證明「狗狗為我所有」。

當然，有人會認為這跟掛狗牌沒有兩樣，何必多此一舉；況且，目前家犬植晶片的措施還遇到晶片規格未統一，掃描器掃不出來的狀況，讓人望而卻步。但是，狗牌有脫落或被有心人摘除的風險，而晶片卻無法以一般方式取出，所以植晶片還是很重要的。

不怕一萬，只怕萬一。尤其，狗寶貝哪天被捕狗大隊抓走了，沒有植晶片的下場就只有被撲殺。更何況現行法令（動物保護法）還規定，狗隻必須植入晶片以便識別，否則將對飼主處以兩千元到一萬元的罰鍰。

只是，需要提醒的是，在狗狗完成晶片植入手續後，狗主人記得請打晶片的醫生上網（寵物登記管理資訊網）做「寵物登記」！這樣，當拾獲者撿到狗狗要掃描晶片時，才查得到飼主的資料，否則，就只是十個數字及英文字的組合而已。

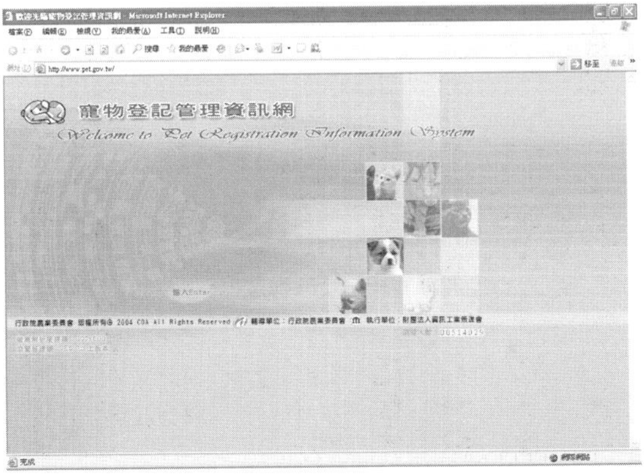

怎麼給狗狗美好的第一天？

我深信，好的開始是成功的一半。因此，在把招財狗接回家的路上，我已經開始為牠製造美好的經驗。

在踏入新居的那一刻，甚至更早之前，在移往新居的途中，狗狗的心情其實是焦慮不安大過於興奮期待。因此，當牠抵達家門口時，要先把牠安置在牠的狗窩，不要陪牠玩，讓牠好好休息，等到牠完全平復了焦慮不安的心情後，再慢慢接近牠。

狗狗平復了焦慮不安的心情後，往往會沉沉入睡，而且睡到忘了吃飯時間，這時最好尊重狗狗的意願，不要把牠吵醒。同時，吩咐家人「在牠睡覺時，不要吵醒牠」，「不要用突然的動作

迎接招財狗必備用品

依品種而有所不同，但基本上都有：狗窩、床墊、食碗、水碗、玩具、項圈、狗鍊、梳洗用品、急救箱、飼養手冊。

或聲響嚇牠」。

在新居過夜的第一、二天，狗狗通常會因陌生而在半夜裡哀哀叫，這時最好置之不理，以免養成牠愛哭鬧的壞習慣。可以嘗試在牠的狗窩旁放個包了布的鬧鐘。因為鬧鐘「滴答、滴答」的規律聲很像狗媽媽的心跳，可以讓牠撫平情緒，安靜入睡。相信兩、三天後，牠在半夜裡哀叫的情況就會自然消失。

狗狗初來乍到的第一天，可能因尚未適應而食慾不佳、沒精神。這時餵食量以昔日的一半即可，同時讓牠多喝水、多休息。通常三天後，狗狗逐漸適應環境時，就會恢復原來的食量了。如果沒有，最好送醫治療。

在狗狗進入家門、成為家人的第一天，教育訓練就要立即上路。尤其是狗狗的如廁習慣，否則，一旦讓牠養成了隨地大小便的習慣，日後麻煩就大了。當然，在教育狗狗時，家人的教育態度和教育方法也要一致，不要他說他的，你做你的，這樣會讓狗狗無所適從，進而導致家人抱怨：「笨死了，怎麼教都教不會！」

最後，就是開始為牠做健康觀察和記錄。如果經濟許可，最好每年定期做一次健康檢查。同時，開始尋找一家可信賴的動物醫院，協助規劃狗狗的預防注射時間表，並提供預防醫學諮詢。

2 招財狗，青春無敵

大概一歲左右，向來較其他公狗穩重許多的招財彷彿發狂似的，突然沒了胃口，亂叫亂跑又亂跳了起來，精神更是異常興奮，而且恨不得馬上離家出走。因此，我們推估，牠應該是思春了！

和人們一樣，狗狗也會有「春天」。不同的是，母狗有發情期，會散發特殊味道，「勾引」方圓數個鄉里的公狗，而公狗沒有發情期，只有思春期，只要母狗一發情，公狗就發狂，跟著母狗「趴趴走」。面對吾家有狗初長成，我們需要做什麼準備呢？不外乎認識發情期的牠，了解發情期的牠，然後決定要不要結紮。

狗狗怎麼發情？

狗狗步入發情期的時間，隨著品種與性別的差異而有所不同。以公狗來說，約四月齡才會開始對母狗產生興趣，約七～八月齡才開始可以完成有繁殖能力的交配行為。反觀母狗，其第一次發情期約在六～十二月齡（有些大型犬更晚，約一～二歲），而且在發情之前，對公狗完全沒興趣，直到進入發情期，才會被公狗吸引。

母狗一年發情兩次（大型犬約每年一次或兩年三次），也就是每六個月左右會進入繁殖季節（發情）一次。發情的季節不限，但多在春秋兩季。每次發情大約都會持續三週。而最佳的配種時間，則是在第二次或第三次發情時。

進入發情期的母狗，在發情第一週，除了食慾大增，毛皮有光澤，情緒不穩定，排尿次數頻繁外，也有外陰部腫脹的情況，不久陰部開始滴血，持續約七～十天。發情第一週的母狗，會「勾引」公狗，但不會接受交配。

到了發情第二週，母狗外陰部腫脹的情況會是發情第一週的兩倍大，出血情況則是由最初的暗紅色轉成鮮紅色，經過數日再轉成淡紅色。等到出血現象結束，陰部的分泌物就會由紅色逐漸轉成黃白色。這個時期的母狗，會接受公狗的交配；也就是在接觸牠的臀部附近時，牠會變得十分友善，同時靜靜的將尾巴垂下且偏向一邊，等待公狗配種。換言之，狗主人如果不想讓母狗交配，就要禁止公狗接近牠，直到牠的發情期結束。

到了發情第三週，未受孕的母狗外陰部腫脹的情況會逐漸縮小，終至恢復成平時大小，陰部的分泌物也會急速減少，終至沒有。受孕的母狗則進入妊娠期，約九週時間（六十至六十五天），換言之，第四週之後乳房開始腫脹，第六週左右腹部明顯鼓起，第七～八週之後可以感覺到胎動，接著就是進入陣痛生產期。

至於公狗的「發情期」，即思春

期，則是因母狗的發情而誘發，沒有特定時間。只要公狗具有生殖能力，隨時都能交配。

狗狗怎麼結紮？

結紮手術施於公狗叫睪丸摘除術（Orchectomy），又稱閹割，也就是經由手術將公狗的「睪丸」摘除；施於母狗叫卵巢子宮摘除術（Ovariohysterectomy），簡稱ＯＨＥ，也就是經由手術將母狗的「子宮」與「卵巢」一起摘除。

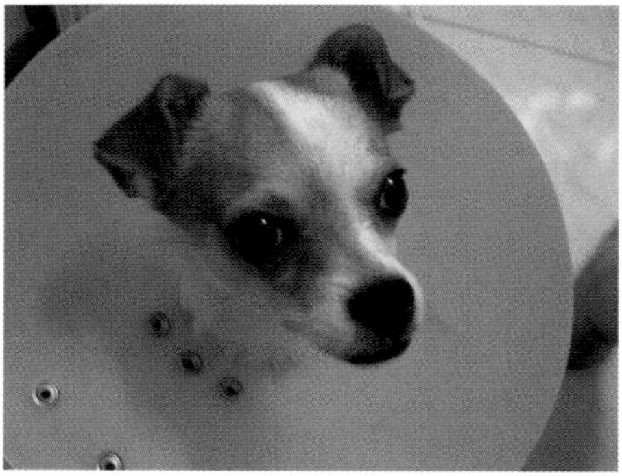

做結紮手術的狗狗，以打完全部預防針四個月大左右、健康情況良好最為適合。根據獸醫師的見解是，狗狗已經有抵抗力，而且體積還不是很大，施於手術的部位血管比較小，比較不容易出血。當然，更重要的是，還可以節省費用。因為一般動物醫院的結紮費都是以十公斤為基價，超過十公斤按公斤論價。而一隻十公斤以下的狗狗，結紮費約七〇〇〇～一五〇〇〇元不等（不含麻醉費、掛號費及藥費）。

另外，也有一派見解是，公狗以八到十個月大（至少也要六個月大），母狗以第一次發情後最為適合，因為已達到性成熟階段，可以放心結紮。

一般來說，在正常狀況下，結紮手術只要十到十五分鐘就可以完成，不需要住院，只要七天後帶到醫院拆線就行了。只是，為了防止狗狗舔咬傷口，從而影響傷口的癒合情形，甚至引發二度感染的情況，未拆線前，最好讓狗狗戴上依麗莎白頸圈。

狗狗需要結紮嗎？

從獸醫師的觀點來看，狗狗結紮可以避免掉一些疾病。以公狗為例，有攝護腺腫瘤、攝護腺炎、攝護腺肥大、睪丸腫瘤與副睪炎、性病等。以母狗為例，則有子宮蓄膿症、乳房腫瘤、卵巢發炎、性病等。

從狗狗的行為問題來看，公狗結紮後，沒有

動情激素的影響，個性會趨於溫馴；遇到母狗發情，也不會為了追逐發情的母狗，而義無反顧地離家出走，或因與其他公狗爭風吃醋而打架鬧事，甚至還會大幅減少在外面四處尿尿佔地盤的情況。母狗結紮後，則是不再發情，同時避免了意外懷孕而讓狗主人照顧不來的情形。因為狗狗一次生產量有六到十隻。

當然，狗狗結紮後，可能帶來肥胖的後遺症。但是，根據獸醫師的解釋，這是因為外界誘惑減少，狗狗吃飽睡、睡飽吃，再加上狗主人基於愧疚心理，經常幫狗寶貝進補，飲食沒節制，自然就會變胖。要解決這個問題，只要接紮後，控制飲食，並且做適當的運動，就可以了。

如果狗主人沒有打算讓狗寶貝生育，綜合上述考量，還是幫狗寶貝進行結紮手術比較好。否則，就要負起責任面對及解決狗寶貝發情時的疑難雜症，甚至母狗懷孕後的狗寶寶教養問題。

3 招財狗，壽終正寢

八年時間，轉眼即逝，以人們的年齡換算之，招財已是即將邁入知天命之年的老人家了。上了年紀的老人家，體力及抵抗力自然大不如前，最明顯的徵狀就是，活力旺盛的牠變得沉穩安靜許多，睡覺和躺臥的時間也增加許多，對於我的呼喚，反應更是遲鈍不少，同時小病一波未平，一波又起。而常言道：「小病不醫成大病。」因此，面對老年期的招財，我應當更加關心照顧。

招財狗教室

Q：招財狗與人類的年齡怎麼換算？

A：3歲之前，狗狗1歲＝人類17歲；狗狗2歲＝人類23歲；狗狗3歲＝人類28歲。
3歲之後，（狗狗的年齡－3）×4＋28＝人類的年齡

狗齡	1個月	2個月	6個月	9個月
人齡	1歲	3歲	9歲	13歲

狗齡	1年	2年	3年	4年	5年	6年	7年	8年	9年	10年
人齡	17歲	23歲	28歲	32歲	36歲	40歲	44歲	48歲	52歲	56歲

狗齡	11年	12年	13年	14年	15年	16年	17年	18年	19年	20年
人齡	60歲	64歲	68歲	72歲	76歲	80歲	84歲	88歲	92歲	96歲

狗狗老了，怎麼照護？

我知道，狗狗一般的壽命約十五、十六歲，而且六、七歲大左右的狗狗已逐漸步入老年期，老化的現象會慢慢出現，就像人們一樣。例如，視力衰退、齒牙動搖、皮膚乾燥、腳肘和腳跟出現皺紋、嘴尖的毛變白等。生理機能衰弱，大小疾病自然叢生。最常見的老狗疾病便是肥胖、白內障、糖尿病、齒槽膿漏症、心臟病、腫瘤。另外，母狗易患子宮蓄膿症，公狗易患尿路結石。

老狗常見八大疾病

疾病	症狀	原因	治療
肥胖	體重增加。腹部隆起。	生理機能新陳代謝率降低。結紮後荷爾蒙失調。活動量減少。	增加運動量。減少零食的攝取。改變飲食習慣。
白內障	眼球水晶體渾濁。疑似失明。	多發生在十歲左右的狗狗身上。也有是因糖尿病引發的。	手術治療。
糖尿病	三多一少：吃多，喝多，尿多，體重減少。嚴重者會引發白內障。	過量飲食、運動量不足。肥胖。病毒感染。罹患胰臟方面的疾病。	藥物治療。飲食控制治療。
齒槽膿漏症	齒內潰瘍。口腔惡臭。牙齒及牙齦變黃褐、茶色。	累積的牙垢及細菌感染。	洗牙。但預防勝於治療：餵食乾飼料完畢後多喝水。養成磨牙、刷牙的習慣。定期清潔牙垢和牙結石。
心臟病	腹水。咳嗽。嘔吐。四肢水腫。體力變差。呼吸困難。嚴重者會休克。	因老化而使心臟功能衰退。也有很多狗狗是因心絲蟲症或其他肺部疾病引發的。	藥物治療。定期檢查。

老狗常見八大疾病

疾病	症狀	原因	治療
腫瘤	疼痛。發燒。傷口癒合不佳。也會因轉移到不同器官而引發食慾不振、嘔吐、下痢、咳嗽、呼吸困難、青光眼、癲癇等症狀。良性腫瘤：長得緩慢，圓而完整。惡性腫瘤：長得很快且形狀不規則，質地較硬，有發炎或潰瘍情況。	遺傳。病毒。殺蟲劑、防腐劑等化學物質。紫外線和放射線（易罹患白血病及甲狀腺腫瘤）。荷爾蒙（易罹患乳房瘤及肛門腺腫瘤）。	依腫瘤特性給予不同治療，有手術治療、化學治療及放射線治療等。但預防勝於治療：如果發現體重異常下降，有不明的出血或腫瘤，就立即送醫。
子宮蓄膿症	大量喝水。大量排尿。腹部腫脹變大。陰部有黃色膿樣分泌物。嚴重者會食慾不振、嘔吐、發燒。	多發生在六歲以上的母狗身上。因發情期荷爾蒙分泌的因素，子宮頸鬆弛而導致陰道受到細菌性感染所致。	立即住院，除非有生育需求，否則，藉由手術治療摘除子宮、卵巢。
尿路結石	依結石位置不同而有不同症狀：滴尿、血尿、尿失禁、排尿困難。嚴重者會食慾不振、嘔吐、活動力下降。	多發生在公狗身上。有因食物或飲水問題所致，也有因泌尿器官生理構造失調所致。	內科治療。手術治療。但預防勝於治療：多喝水，定期做尿液檢驗。

要預防狗狗疾病叢生，也不是無法可循。首先，表現在吃的方面，就是水的補充。因為很多上了年紀的狗狗常常會忘記喝水，或因關節炎的痛苦使牠們在移動方面有困難，於是導致水的攝取量減少，進而造成脫水或其他疾病。

其次是食物配方，以「低蛋白質、低脂肪、高纖維質」為準則。市面上也有老犬專用的狗食供狗主人選取使用。如果狗狗已經沒有健康的牙齒可以咀嚼食物，可以將狗食以溫牛奶或溫水先泡軟，肉類食物也盡量切碎、煮爛，再給狗狗食用。如果狗狗沒有喝牛奶的習慣，

為了避免突然給予過多的牛奶導致狗狗下痢，狗主人在添加牛奶時最好先少量少量的給，之後再慢慢增加。

表現在衣的方面，就是定期梳理狗狗的毛髮，藉此觀察狗狗的皮膚有無異常的分泌物、腫塊及其他異常的變化。如果狗狗因內分泌性疾病造成脫毛問題，則秋冬季節可幫牠加件衣服保暖，但切記不可穿得太緊而影響行動，且須在穿著八到十個小時後脫下衣服通風，並為牠按摩以放鬆肌肉。

表現在住的方面，盡可能不要突然改變生活環境，例如狗碗擺放的位置。因為上了年紀的狗狗適應力較差，環境的改變會讓牠產生壓迫感和不安全感。另外，床墊依然要保持清潔乾淨，以防骯髒造成狗狗過敏。狗窩也要保持通風，維持在攝氏二十四到二十八度之間，以防太冷或太熱造成狗狗不適。還有，狗狗如果待在安靜的角落躺著、趴著或睡著，千萬不要打擾牠，甚至大聲斥責牠，以免牠因被激怒而反擊，導致我們被咬傷。

表現在行的方面，就是定期運動。可以選擇涼爽的天氣，以悠閒的方式（即一公里三〇分鐘的速度）帶狗狗散步，惟患有心臟病或肥胖的狗狗要控制運動的程度。另外，市面上也有專為老狗設計的跑步機，狗主人如果有興趣，可以買來試試。

最後，就是定期做健康檢查，同時不要忘記每年定期施打預防針。還有，上了年紀的狗狗容易情緒低落，對周遭事物失去興趣，同時腰力、腳力不如往昔，無法活潑地同狗主人遊戲，這時狗主人就要經常撫摸牠、陪伴牠，給牠安全感，讓牠感受到狗主人的愛，然後安詳而幸福地度過晚年。

狗狗走了，怎麼送終？

雖然早就知道狗狗的壽命比人短，必須為牠的死亡做好心理建設與準備，但是，當那一天真的到來時，心中還是有說不出的沈痛與感傷。當然，時間可以淡化一切，我是打算這麼療傷的。但是，在任隨時間流逝之前，眼下卻有個亟待解決的問題，那就是狗狗的後事怎麼處理？

如果依照坊間說法：「死貓吊樹頭，死狗放水流。」那樣既不衛生，又不環保，更是對「家人」的一種蔑視，所以萬萬使不得。正確的處理方式是：

一、**找塊地掩埋**：

像自家後院花園、山坡地、空曠郊外都可以。埋葬時，為了防止被其他動物挖掘出來，挖的洞最好有一公尺深。至於狗狗的遺體，有一說是要用毛巾衣物包裹好，有一說是不用包裹，只要撒上一些生石灰以防感染即可，無論如何，壓實泥土確實埋好是首要之務。同時，注意掩埋的地方要遠離水源。

二、委託動物醫院代辦：

動物醫院處理狗狗遺體的方式，通常是送往特約的安樂園火化。由於他們會收取手續費，所以費用會比自行送到安樂園火化稍貴一點。如果狗主人沒有時間或怕觸狗傷情，可以採用這個方式。

三、送往私立的安樂園火化：

安樂園處理狗狗遺體的方式有二：集體火化及個別火化。火化的費用視狗狗遺體的體重及體積大小而定，也就是愈大隻的狗愈貴。另外就是，集體火化比個別火化便宜。以個別火化來說，費用大約在二千元至六千元之間，當然也有上萬元的。焚化完畢後的骨灰，狗主人可以自行帶回，也可以放在安樂園納骨供奉（需另外付費）。由於安樂園提供的服務涵蓋火化、葬儀、納骨、供奉等，而且每年都會為納骨寵物舉行二～三次的法會，所以狗主人如果經濟許可，又對安葬儀式比較講究，那麼就可以採用這個方式。

四、送往公家單位火化：

公家單位處理狗狗遺體的方式只有一種，那就是集體火化。但是因為火化的費用只要五百元左右（有植入晶片者），而且他們每年會定期舉行超渡法會，所以絕大多數人都採用這個方式。需要提醒的是，公家單位只服務所屬行政區的民眾，以台北市民為例，他們可以送往位在吳興街的台北市家畜衛生檢驗所。至於台北市以外的民眾該把狗狗的遺體送到哪裡？可以詢問當地家畜衛生檢驗所或附近的動物醫院。

另外，有辦理寵物登記證的狗狗，狗主人在狗狗往生後，記得將狗狗的登記資料，如登記證、犬頸牌、狂犬病預防注射證書等，送回原登記站或有設立登記站的動物醫院、鄉鎮市公所辦理死亡除戶手續。

參考資料

1.葛拉漢・米道斯、艾爾莎・弗林特，SMART養狗寶典，大都會文化，2003年7月。
2.田心瑩，愛犬造型魔法書，大都會文化，2003年10月。
3.張碧員，我家有狗，大樹文化，1993年12月。
4.戴更基，別只給我一根骨頭，水晶，2000年10月。
5.蔡盈庫，狗狗醫學百科，數位人資訊，2005年5月。
6.犬物語編輯部，狗狗美容百科，數位人資訊，2005年6月。
7.數位人編輯室，狗狗飼養百科，數位人資訊，2005 年 10 月。
8.杜萸，環遊狗世界，遠流出版，2006年01月。
9.大敦寵物醫療中心（http://www.dvm.com.tw/）
10.犬之屋寵物生活館（http://www.doggyhouse.idv.tw/）
11.犬髖關節狗友會（http://www.dogchd.net/index.php）
12.台灣犬保育中心嘯五峰犬舍（http://www.dogs.com.tw/）
13.吉娃娃的異想世界（http://tw.myblog.yahoo.com/chihuahua-qmm）
14.阿貓阿狗寵物大站（http://www.petno1.com.tw/）
15.伴侶動物研究訊息中心（http://www.caric.com.tw/）
16.沛錸寵物線上生活資訊網（http://www.petline.com.tw/）
17.派特屋寵物網站（http://www.pethouse.com.tw/）
18.哈士奇家族（http://www.husky.com.tw/）
19.泰迪熊犬舍（http://www.teddykennel.com）
20.寶島動物園－台中市世界聯合保護動物協會（http://www.lovedog.org.tw/）

我有資格養招財狗嗎？

1. 有到寵物店、動物醫院或流浪動物收容所，蒐集養狗的相關資料。
2. 有請教專家，選擇適合我家環境的狗來飼養。
3. 有向具有寵物業許可證的寵物店買狗，而不是向流動攤販買狗。
4. 有帶牠到動物醫院植入晶片和做寵物登記。
5. 有給牠戴一個項圈，以便與流浪犬有所區別。
6. 有每天餵牠食物和隨時供應乾淨的飲水。
7. 沒有餵牠人吃的食物，而是餵牠專用營養均衡的乾飼料。
8. 有每天梳理牠的毛髮，並順便檢查牠的皮膚、四肢、牙齒、耳朵和眼睛。
9. 有每七～十天幫牠洗一次澡。
10. 有幫牠清耳朵、用專用牙膏和牙刷刷牙，並幫牠修剪指甲。
11. 有在牠大小便後馬上清理乾淨，並用肥皂洗手，以維護環境的衛生和自己的健康。
12. 有每天遛牠和陪牠玩，並且在牠大便後馬上用報紙和塑膠袋清理盛裝。
13. 陪牠玩時，不會太激烈，以免激發牠的攻擊性。
14. 有讓牠從小就養成外出時用鏈繩牽住的習慣，並約束牠不攻擊別的人或狗。
15. 有清理牠的籠舍環境，並經常換洗牠用的小毯子。
16. 有準備專門給牠的玩具，如果玩具破了或壞了會趕快換新。
17. 如果超過一天不在家，會請朋友照顧牠。
18. 為了避免製造不必要的生命，會請獸醫師為牠結紮。
19. 不會將牠單獨留在車子裡，以免熱死或悶死。
20. 有教牠、訓練牠，不溺愛牠：會在牠小時候就訓練牠上廁所、讓牠習慣檢查身體、打開嘴巴、摀住口鼻、刷牙、剪指甲、強迫給予小點心等動作，以及「坐下」、「牽著散步」、「來」等指令。

21. 訓練牠時，有用食物鼓勵牠，並且耐心地慢慢教，做錯了不會使用肢體上的處罰。

22. 已了解並接受有一天牠會衰老、死亡的事實，並且願意一輩子照顧牠。

23. 如果牠不幸死亡，不會自行丟棄或掩埋，而會將牠送到公立動物收容所或動物醫院請其協助處理焚化。我知道這是最尊重牠和符合公共衛生的作法。

24. 如果實在無法繼續照顧牠，絕不會丟棄牠，讓牠變成流浪犬。我知道牠成為流浪犬後，會遭受身體和心靈上的嚴重創傷，並製造環境和社會問題。我會為牠安排適合的主人，或送牠到公私立動物收容所。

25. 有保持居家環境的清潔，也會盡快清理掉牠的糞尿，並立刻用肥皂洗手。

26. 有每個星期檢查牠的全身及耳朵、眼睛，並清除牠身上的寄生蟲。

27. 有每個月給牠服用心絲蟲預防藥。

28. 有每半年帶牠到動物醫院作糞便檢查及驅蟲。

29. 在牠六～八週齡時，有帶牠到動物醫院注射幼犬疫苗，三週後注射八合一疫苗，再三週後（十二～十五週齡時）注射狂犬病疫苗和八合一疫苗。在完成這些基礎注射前，我不會帶牠出門，以免生病。

30. 在牠完成基礎注射後一年，有帶到動物醫院注射狂犬病疫苗和八合一疫苗，並做全身身體檢查。以後每年定期預防注射及身體檢查一次。

31. 雖然很喜歡牠，但仍避免與牠做太親密的接觸，例如親牠或與他同床而眠。

如果上述要求我都做到了，我就有資格養一隻招財狗！同時我的招財狗也會用牠一輩子毫無保留的愛回報我！

資料來源：動物保護資訊網

書　　名　生肖・星座・招財狗
作　　者　大都會文化編輯部 編著

發 行 人　林敬彬
主　　編　楊安瑜
編　　輯　吳青娥
封面設計　圖騰數位
內頁設計　洸譜創意設計

出　　版　大都會文化事業有限公司 行政院新聞局北市業字第89號
發　　行　大都會文化事業有限公司
110台北市基隆路一段432號4樓之9
讀者服務專線：（02）27235216
讀者服務傳真：（02）27235220
電子郵件信箱：metro@ms21.hinet.net
網　　　址：www.metrobook.com.tw

郵政劃撥　14050529 大都會文化事業有限公司
出版日期　2006年5月初版一刷
定　　價　200 元

I S B N　986-7651-68-5
書　　號　PETS-009

First published in Taiwan in 2006 by
Metropolitan Culture Enterprise Co., Ltd.
4F-9, Double Hero Bldg., 432, Keelung Rd., Sec. 1,
Taipei 110, Taiwan
Tel:+886-2-2723-5216　Fax:+886-2-2723-5220
E-mail:metro@ms21.hinet.net
Web-site:www.metrobook.com.tw

大都會文化
大都會文化 METROPOLITAN CULTURE

國家圖書館出版品預行編目資料

生肖・星座・招財狗 / 大都會文化編輯部編著.
-- -- 初版. -- -- 臺北市：大都會文化, 2006〔民95〕
面；　公分. --（Pets：009）
參考書目：面
I S B N ：986-7651-68-5 (平裝)
1. 犬 － 飼養 2. 犬 － 訓練

437.66　　　　95003063

生肖星座
招財狗

請沿虛線剪下，對折裝訂後寄回

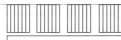

北區郵政管理局
登記證北台字第9125號
免貼郵票

大都會文化事業有限公司
讀者服務部收

110 台北市基隆路一段432號4樓之9

寄回這張服務卡（免貼郵票）
您可以：
◎不定期收到最新出版訊息
◎參加各項回饋優惠活動

大都會文化 讀者服務卡

書名：**生肖·星座·招財狗**

謝謝您選擇了這本書！期待您的支持與建議，讓我們能有更多聯繫與互動的機會。
日後您將可不定期收到本公司的新書資訊及特惠活動訊息。

A. 您在何時購得本書：_____年_____月_____日

B. 您在何處購得本書：__________書店，位於__________(市、縣)

C. 您從哪裡得知本書的消息：
1.□書店 2.□報章雜誌 3.□電台活動 4.□網路資訊
5.□書籤宣傳品等 6.□親友介紹 7.□書評 8.□其他

D. 您購買本書的動機：（可複選）
1.□對主題或內容感興趣 2.□工作需要 3.□生活需要
4.□自我進修 5.□內容為流行熱門話題 6.□其他

E. 您最喜歡本書的：（可複選）
1.□內容題材 2.□字體大小 3.□翻譯文筆 4.□封面 5.□編排方式 6.□其他

F. 您認為本書的封面：1.□非常出色 2.□普通 3.□毫不起眼 4.□其他

G. 您認為本書的編排：1.□非常出色 2.□普通 3.□毫不起眼 4.□其他

H. 您通常以哪些方式購書：(可複選)
1.□逛書店 2.□書展 3.□劃撥郵購 4.□團體訂購 5.□網路購書 6.□其他

I. 您希望我們出版哪類書籍：（可複選）
1.□旅遊 2.□流行文化 3.□生活休閒 4.□美容保養 5.□散文小品
6.□科學新知 7.□藝術音樂 8.□致富理財 9.□工商企管 10.□科幻推理
11.□史哲類 12.□勵志傳記 13.□電影小說 14.□語言學習（____語）
15.□幽默諧趣 16.□其他

J. 您對本書(系)的建議：

K. 您對本出版社的建議：

讀者小檔案

姓名：____________性別：□男 □女 生日：____年____月____日

年齡：1.□20歲以下 2.□21—30歲 3.□31—50歲 4.□51歲以上

職業：1.□學生 2.□軍公教 3.□大衆傳播 4.□服務業 5.□金融業 6.□製造業
7.□資訊業 8.□自由業 9.□家管 10.□退休 11.□其他

學歷：□國小或以下 □國中 □高中／高職 □大學／大專 □研究所以上

通訊地址：______________________________

電話：（H）____________（O）____________ 傳真：____________

行動電話：____________ E-Mail：____________________

◎謝謝您購買本書，也歡迎您加入我們的會員，請上大都會網站www.metrbook.com.tw登錄您的資料。您將不定期收到最新圖書優惠資訊和電子報。